小书本 大世界 XIAOSHUBEN DASHIJIE

# 地球未解之谜

崔钟雷 主编

吉林美术出版社|全国百佳图书出版单位

**图书在版编目（CIP）数据**

地球未解之谜/崔钟雷主编．—长春：吉林美术出版社，2010.10（2022.1重印）
（小书本大世界）
ISBN 978-7-5386-4740-2

Ⅰ.①地… Ⅱ.①崔… Ⅲ.①地球-青少年读物
Ⅳ.①P183-49

中国版本图书馆CIP数据核字（2010）第185734号

**书　　名：地球未解之谜**

---

| | |
|---|---|
| **策　　划** | 钟　雷 |
| **主　　编** | 崔钟雷 |
| **副 主 编** | 刘志远　芦　岩　杨亚男 |
| **出 版 人** | 赵国强 |
| **责任编辑** | 栾　云 |
| **开　　本** | 787×1092毫米　1/16 |
| **字　　数** | 100千字 |
| **印　　张** | 11 |
| **版　　次** | 2010年10月第1版 |
| **印　　次** | 2022年1月第4次印刷 |

---

| | |
|---|---|
| **出　　版** | 吉林出版集团<br>吉林美术出版社 |
| **发　　行** | 吉林美术出版社图书经理部 |
| **地　　址** | 长春市人民大街4646号<br>邮编：130021 |
| **电　　话** | 图书经理部：0431-86037896 |
| **网　　址** | www.jlmspress.com |
| **印　　刷** | 北京一鑫印务有限责任公司 |

---

ISBN 978-7-5386-4740-2　　定价：35.80元

# 前言 QIAN YAN

广阔的宇宙如此浩瀚，有太多的谜团吸引我们好奇的心；纷繁的世界如此丰富，有太多的精彩诱惑我们明亮的眼睛。

在快节奏的现代生活里前行，我们有时需要静下心来翻开一本书，让疲惫的精神在知识的家园里徜徉。“小书本大世界”这套丛书，便可以满足我们的需要。

本系列丛书编入了人们最感兴趣的话题，并且图文并茂，图说新颖。未解之谜包含了自然、社会、历史众多的悬疑奇案，《动物世界》展现了各种动物的千姿百态，《十万个为什么》解答了大千世界的种种疑问，《88 位中外名人故事》演绎了各位名人成才的艰辛历程，《地球之最》涵盖了人类家园的最新知识。

小小的书本里面蕴藏着一个大大的世界，在小书本里面，可以汲取无尽的知识，可以开阔狭窄的视野，还可以带来心灵上的轻松和愉悦。那么，让我们快速打开这套书，享受其中的乐趣吧。

编　者

# 目录 MU LU

## 亚洲

神秘的喜马拉雅 …… 8
印度"圣河"之谜 …… 12
印度奇石 …… 14
"猛犸家园" …… 15
日本圣山之谜 …… 17
日本幕府黄金宝藏之谜 …… 19
古崖居之谜 …… 21
神秘的头骨堆之谜 …… 23
环境致癌之谜 …… 25
冰冰背四季颠倒之谜 …… 27
"天坑"之谜 …… 29
狗头金之谜 …… 30
红海之谜 …… 31
响沙湾传说之谜 …… 33
乐山巨佛之谜 …… 35
敦煌石窟之谜 …… 38
石头"生蛋"之谜 …… 41

## 欧洲

法兰西"手印" …… 44
流不尽的"圣水" …… 46
爱琴海诞生之谜 …… 49
圣潭的秘密 …… 52
沸腾的泉水 …… 54

水井之谜 …… 56
沙地吃人之谜 …… 58
火山口上的冰川 …… 60
魔鬼的脚印 …… 62
通古斯大爆炸之谜 …… 63
通向大海的四万个台阶 …… 65
卡什库拉克山洞之谜 …… 67

## 南、北美洲

沙俄卖掉阿拉斯加之谜 …… 70
陨石坑之谜 …… 75
石彩虹之谜 …… 77
加拿大夏天遗失之谜 …… 79
神秘的“太阳之家”——哈莱阿卡拉 …… 81
神奇的石头森林 …… 83
宇宙来客之谜 …… 85
太阳门之谜 …… 87
旋转岛之谜 …… 89
死神岛之谜 …… 91
塞兰迪亚古堡之谜 …… 92
海盗基地罗亚尔港之谜 …… 94
幽灵之谜 …… 96
石膏沙漠之谜 …… 98
伊瓜苏瀑布之谜 …… 100

## 非洲

石头教堂之谜 …… 103
尼奥斯湖杀人之谜 …… 106
石头杀人之谜 …… 108
博苏姆推湖成因之谜 …… 110
大津巴布韦之谜 …… 111
乞力马扎罗山之谜 …… 113
东非大裂谷成因之谜 …… 115
东非的“磬吉”之谜 …… 117

## 大洋洲

澳洲大陆之谜 …… 122
彭格彭格山之谜 …… 126
神秘的艾尔湖 …… 128
大堡礁形成之谜 …… 130
卡卡杜之谜 …… 133
澳大利亚岩塔之谜 …… 137

## 南极洲

南极“绿洲”之谜 …… 140
南极洲地图之谜 …… 143

# 亚洲

亚洲全称为亚细亚洲，它是七大洲中面积最大、人口最多的一个洲。这个太阳升起的地方不仅是古老文明的代名词，更有着数不尽的传奇。

# 神秘的喜马拉雅

巍峨的喜马拉雅山脉终年白雪皑皑、云遮雾绕。千年以来它一直被人们尊为圣山，然而它是如何出现的呢？它已经巍然屹立了多少个世纪呢？在喜马拉雅山上发现的海洋动植物化石是否暗示它与海洋的神秘关联呢？一切的谜团，都有待人们的破解。

喜马拉雅山脉是传说中“众神的住所”。这里有世界最高的圣母峰，又称珠穆朗玛峰或埃维勒峰，也就是尼泊尔人所谓的萨嘉玛莎，即“海之崖”的意思。

喜马拉雅山脉西起帕米尔高原，东到雅鲁藏布江大拐弯处，东西长约2 400千米、南北宽约200千米~300千米，平均海拔6 200米，是世界上海拔最高的山脉。“喜马拉雅”一词源自梵文，原意为“雪的家乡”。整座山脉海拔很高，终年被积雪所覆盖。其中海拔7 000米以上的高峰有40多座。位于中国和南部邻国交界处的是喜马拉雅山脉的主脉，宽50千米~90千米，有10座8 000米以上的山峰耸立在这里。各山峰的高度平均超过5 791米。喜马拉雅山脉的庞大，完全可以把欧洲的整个阿尔卑斯山脉围在正中。此外，喜马拉雅山脉和喀喇昆仑山共有500多个高过6 096米的山峰。其中100多个超过7 315米。世界第一高峰珠穆朗玛峰海拔8 844.43米，如同一座美丽的金字塔雄踞在喜马拉雅山的中段。

## 喜马拉雅山的形成

这么庞大的山脉，到底是怎么形成的呢？

想弄清楚这个问题可不是一件容易

的事情。在恶劣的气候环境、各种地质变化因时因地各不相同、缺乏可以证明年代的化石、岩石构造混淆不清等情况下，探索远古地壳变化的历程，几乎成了一个不可能完成的任务。

地质学家已经达成共识的是：从阿尔卑斯山脉到东南亚各大山脉的欧亚大陆山系（包括喜马拉雅山脉），都是在过去65 000年间达到最高点的一种力量所造成。这些山脉都是因地壳的强烈运动而产生的，地壳隆起将一个古代深海海沟里极厚的沉积岩层推出海面，即地质学家所说的“古地中海”。这种庞大的使山脉隆起的力量是如何产生的呢？德国地质学家魏格纳认为力量来自大陆漂移，这一观点得到了大多数地质学家的认同。

地质学家认为地球上的岩石圈分成若干大块，叫作板块。这些板块，并非固定不动，而是可以漂移的，就像悬浮在地幔软流层上的“木筏”。按照这种学说，亚洲大陆是一个板块，南亚次大陆也是一个板块。距今大约3 000 万年前，南边印度洋地幔下软流层的活动引起洋底扩张，南亚次大陆板块开始北移，直到和亚洲大陆板块相遇。处在这两大板块之间的喜马拉雅古海受挤而被猛烈抬升，于是沧海变成了高山。在地质历史上，这次强烈的造山运动，就叫喜马拉雅造山运动。喜马拉雅造山运动虽然发生在3 000 万年前，可它还是地质历史上最近的一次。所以，喜马拉雅山脉从“年龄”来说，实在是世界群山中的“小弟弟”。

我们不敢确切地说喜马拉雅山脉是否还在缓慢上升，测量技术还达不到那么精确。但我们可以确信地壳一直在运动中。喜马拉雅山脉地区及恒河盆地的剧烈地震证明了这一点。

## 世界最高峰

在神话传说中，珠穆朗玛峰是长寿五天女居住的宫室。珠穆朗玛峰终年积雪，是亚洲和世界第一高峰。藏语“珠穆朗玛”就是“大地之母”的意思。藏语“珠穆”是女神的意思，“朗玛”应该理解成母象（在藏语里，“朗玛”有两层含义：高山柳和母象）。珠穆朗玛峰是一条近似于东西走向的弧形山，峰体呈金字塔形，在100 千米之外就清晰可见，给人以庄严、肃穆的感觉。珠穆朗玛峰山顶的冰川面积达 10 000 平方千米，雪线（4 500 米～6 000 米）呈北高南低的走势。峡谷中有几条大冰川，其中东、西和中绒布三大冰川汇合而成的绒布冰川最为著名。珠穆朗玛峰自然条件异常复杂、气候恶劣、地形险峻。珠峰南坡降水丰富，1 000 米以下为热带季雨林，1 000米～2 000 米为亚热带常绿林，2 000 米以上为温带森林，海拔 4500 米以上为高山草甸。北坡主要为高山草甸，4 100 米以下的河谷有森林及灌木。山间有孔雀、长臂猿、藏熊、雪豹等珍禽奇兽及多种矿藏。

珠穆朗玛峰以其“世界第一”的名号，吸引着世界各国的登山探险者。从 18 世纪开始，就陆续有不同国家的探险家、登山队试图征服珠峰，但直到 20 世纪 50 年代以后，才有人从南坡成功登上珠峰。英国的探险家在 1921～1938 年期间先后 7 次试图从北坡攀登珠峰，都遭受了失败，有人还为此失去了生命。北坡被称作是“不可攀缘的路线”“死亡的路线”。地质学家诺尔·欧德尔从艰险的北面峰曾经爬上过约 8 230米，首次发现珠峰的金字塔形峰顶的构成成分是古地中海带有化石的石灰岩，年代已有 3.5 亿年。

人们登山探险时，通常需要在桑伯奇喇嘛寺院休息几天以使身体适应高原气候。等到各种高山病症消除后，再继续前进。攀上 4 572 米高处，登山队员便进入了只有风雪冰石的环境中。登山队员沿着天然的冰川大路向上攀登，在许多巨大的冰柱脚下通过。这种怪异的冰柱，是冰川融解与蒸发后形成的，有时高出冰川约 26 米。昆布冰川源于一个大“冰斗”，是地质结构中较脆弱的部分，长时间遭受侵蚀而形成的。这个冰斗是个圆形峡谷，由珠峰、罗孜峰及纽布孜峰三座山峰环抱而成，英国人称它为“西方冰斗”。昆布冰川在 6 096 米高处从冰斗泻下，形成约 610 米的冰瀑，每天约移动 0.9 米。

大多登山者通常会在冰斗下面大约 5 486 米的地方扎营，这基本是健康人能够长时间适应的高度极限。这里的大气压力仅是海平面的 1/

2，在珠峰顶则仅及1/3。在海拔5 486米以上，由于缺氧，人很容易就会出现疲倦、体重减轻、体能减弱等现象，再加上严寒和烈风，都会成为攀登时的主要困难。

瑞士人将西方冰斗叫作“寂静谷”。这个名字并不太贴切，山侧确实可以避风，但绝非寂静无声。夜晚的时候，峰顶剧烈的风声和雪崩造成的隆隆声，交织成奇怪的声音，使人难以入睡。到约7 010米的高处时，人们开始需要使用氧气瓶。如果克服不了缺氧的困难，就会对生命造成威胁了。此时继续前行，登山队员们的鞋底就会刮到黄褐色的岩石。这里称为黄岩带，是圣母峰上古地中海沉积物的一种界标。这里已经不适合人类长时间停驻了。

当登上珠峰最高点的时候，登山队员一路的疲惫突然显得微不足道，因为景色实在是太美、太宏大了：向北望去是紫褐色辽阔的青藏高原，向南望去则是“雪的家乡”。远处，一片薄雾笼罩之下的是印度平原。看见这样的景色，所能做的，只剩下感慨自然的伟大和人类的渺小了。

# 印度“圣河”之谜

发源于喜马拉雅山山脚的恒河孕育了辉煌灿烂的印度文明，是印度的象征。如今，它虽污染加重，但在印度教徒们的眼中，恒河水仍是最圣洁的甘露，他们认为只有圣洁的恒河才能洗净虔诚的朝圣者充满世俗罪孽的灵魂，并使之得到拯救。因此恒河有“圣河”之称。

## 备受瞩目的圣河

恒河被看作是净化女神的化身。她原先在天国中流淌，帕吉勒塔国王为了净化祖先的骨灰，将她带到人间。她如果直接落下，会冲走地上的人类，为了将洪水分流，她首先在湿婆的头顶落下，然后顺着她纷乱的头发化作涓涓细流。现在，每年都有朝圣者不辞劳苦，长途跋涉来到恒河，有的拖着病体，有的奄奄一息，都希望喝了恒河水，在圣水中沐浴之后，能洗净自己的罪孽。他们这种信念源于河水的降温功能。印度教的许多习俗都建立在这样的信仰上：权力，即酷热，如果说权力是邪恶的，那么用水给它降温会使权力失去作用。印度教徒还相信，如果他们在河边火葬，然后把骨灰撒在河里，他们的灵魂就会不再忍受轮回之苦而直接升入天堂。

## 恒河源流

恒河的源流从喜马拉雅山山脚冰洞中流出，在阳光下闪闪发光。这是印度最神圣的河，被称为帕吉勒提河。这条活力充沛的河流穿过加瓦尔山间的一个深谷，流经茂密的松树林、散发芳香的雪松林和鲜红的杜鹃花丛，来到代沃布

勒亚格城。

巍然耸立的悬崖下，帕吉勒提河汹涌的河水与平静的阿勒格嫩达河水交汇，构成真正的恒河，以更庄严的姿态流向赫尔德瓦尔城。这是恒河流经的最神圣的地域之一。每年春天，都会有超过 10 万印度教徒在此庆祝恒河诞生。他们用各种仪式来欢庆，祭祀活动众多，仪式也颇为独特。

## “治病”河

恒河只不过是一条普通的河流，宗教原因的加入增加了其神秘性。但恒河水治愈疾病的案例却屡见不鲜。这其中的真正原因到现在还是一个未解之谜，科学家正在努力探索。

# 印度奇石

大自然暗含着无尽的神奇能量，如能够变换颜色的泉水；能够散发芬芳气息的奇异地带；还有可以自动演奏悦耳弦乐的沙土……然而，你知道有的石头竟然能够不凭借外力而自动升降吗？当你呼唤一个人的名字时，石头会随着喊声而飘然起落……

石头能不凭借外力自动升降吗？一个人的名字真的有如此大的力量让石头飘然上升吗？

据说，在印度马哈拉施特拉邦，有一座名叫希沃布里的小村庄。村里有一座安葬着宗教圣徒卡玛·阿利·达尔凡老人遗体的祠庙。令人称奇的是，祠庙门口的两块岩石竟可以随着人们呼喊卡玛·阿利·达尔凡的名字而飘然升到空中。这两块彼此贴得很近的岩石，只允许男人接近，女人是不能靠近它们的。两块岩石中，大的一块约重 70 千克，另一块略轻。如果很多人用右手的手指指着岩石，并异口同声不间断地喊着“卡玛·阿利·达尔凡”，岩石便会马上上升到约 2 米的高度，直到喊声结束时才会落回到地面上，若不按这个过程来做，岩石是不会腾空而起的。

考古学家马克·鲍尔弗去希沃布里村时，为了证实这件奇事，亲自加入到了呼喊的人群中，岩石果然从原地飘起，升入了空中，随后“啪”的一声落地。科学界至今还不能解释岩石升空的奥秘。现在，到希沃布里村观看这一奇景的人日益增多。而这两块岩石是谁放在祠庙门口的？它又是受什么力量驱使而升空的呢？这仍是个未解之谜。

# “猛犸家园”

猛犸象这种在古大陆横行一时的庞然大物，到现在却已经不复存在了，然而人们仍然对这种巨型史前动物的生活状况和灭亡原因充满好奇，因此人们一直在苦苦寻觅猛犸象的遗骸。终于他们在泰米尔半岛找到了猛犸象的踪迹。

几十年前，动物学家杰拉尔德与德罗尔一起游历了泰米尔半岛。他们看到那里的冻土上长满了苔藓和草本植物，苔藓之间夹杂着雏菊似的小花和嫩草，此处遍地都有矮柳丛。

## 泰米尔气候

泰米尔位于北极圈中。即使在仲夏，气温也只有5℃左右。冬季则有一段时间全是漫漫长夜，不过比夏季太阳不落的时间短。这时只能看到月光，偶尔还可见到极光。冬季的气温可降至-44℃，因而此处的自然条件比较恶劣。这里的植物大多是多年生的，为了免遭冷风袭击，长得很矮小，生长也较为缓慢。

泰米尔永久冻土分布广泛，最厚的冻土层深达1 370米。冬季，所有土壤都变成坚硬的冻土；夏季，最上层的土壤融化成薄薄的湿土，使植物能在此扎根、生长。最北面的湿土层只有150 300厘米厚，但是越往南，湿土层越厚，最厚可达3米，即使是桦树和落叶松等植物也能茂盛生长。

## 冻原地貌

泰米尔半岛分布着因冰冻和解冻不断循环造成地面龟裂的冻原，这是一种由垄埂把沼泽和小湖分割成不规则蜂窝状的特殊地貌。在裂缝中逐渐形成的冰楔产生强大压力，使地面凸起成垄，而解冻的泥土和融化的冰水则沿坡而下聚成湖沼。

## 猛犸象踪迹

在冻原上，人们可以发现早已绝种的长毛猛犸象的骨骼和长牙。几个世纪以来，西伯利亚人不断从冻土中挖出猛犸象的长牙卖给象牙商。

肩高4米的猛犸象曾活跃在欧亚大陆北部和北美洲，其牙长达4.5米，约在12 000年前灭绝。但不少猛犸象的遗骸——包括完整的猛犸象尸体被保存在永久冻土中。“猛犸”一词源于西伯利亚的鞑靼语，意思是“上”。第一具几乎完整无损的猛犸象尸体是在西伯利亚半岛上发现的。

## 如今的“猛犸家园”

贝兰加高原海拔高约1 500米。在高原的南缘，是泰米尔湖。这是北极最大的湖泊，但深度只有3米左右。春季，湖里注满融水，夏季有3/4的水流入河流，冬天湖水全部结冰。湖岸是驯鹿的栖息地。旅鼠则在苔藓下面打洞穴居，它们是北极狐和雪枭的主要食物。极地狼是这里的霸主，它们游荡在无垠的雪原上寻觅着猎物……

# 日本圣山之谜

"玉扇倒悬东海天"，富士山是日本民族最引以为傲的象征。富士五湖、富士樱花，花映水色、湖映山色，湖光、山色、花容，一直是世界闻名的胜景。然而，最为神奇的是传说富士山能够治病。又是什么原因使得它有了医疗的能力呢？至今无人能解释其原因。

在日本国民心中，富士山和樱花一直是完美的象征。观赏富士山，四季皆宜、昼夜均可。据说，春天时登上白雪皑皑的顶峰，观赏山下怒放的樱花，那种感受要远远胜过观赏富士山的其他美景。富士山高3 776米，是日本最高的山峰。富士山在过去的12个世纪中，给不少诗人和画家带来了灵感。此外，富士山不仅在日本神道教中有特殊的地位，对佛教亦有重大含义，佛教徒认为海拔2 500米处的绕山小径，就是通往另一个世界的通道。

## 风景如画

日本画家画了很多有关富士山的著名风景画。富士山吸引人的就是它四季变幻的风景和其深厚的文化内蕴。日本文人赞道："富岳虽隐于冬雨寒露中，但仍显喜悦之情。"美国作家希恩因喜爱富士山而加入日本国籍，他曾说富士山是"日本最美的景色"。

日本土著虾夷人视富士山为神明，并以他们的火女神之名"富士"为此山命名。日本人对富士山一向崇敬，所以沿用了虾夷人为它取的这个名字。按照日本神道教的信仰，万物都有神灵，而山岳更是特别神圣。富士山是日本最高、最美的山，

因而备受尊崇，很多人视之为众神之乡，成为万民神往的神圣之地。

富士山山顶神道寺建于2 000年前，修建时处于火山活动活跃时期，当时的天皇命令建寺，以期安抚诸神。第二次世界大战结束时，仍有不少日本人认为攀登富士山是他们的神圣义务。20世纪有记载描述，数以千计的善男信女，身穿白袍，足穿草鞋，头戴帽子攀登此山。因为信徒所穿的草鞋都不结实，要走完那9小时的山路，必须带上许多双鞋子，所以路旁堆满了人们丢弃的草鞋。

## 山光水色

富士山的山坡呈45度，近地面时坡度减小，趋于平缓，其周长达126千米。北麓有五个湖排成弧形。春天，繁花锦簇，莺歌燕舞；秋天，湖畔部分原始森林显出火红秋色，继而转为深浅不一的褐色。从这几个湖的湖面观看富士山，如镜的湖面，映出美丽的富士山。富士山宗教和风景融合一处，别有一番情致。

## 神奇富士山

富士山的神秘就在于人们世代相传此山能够治病。这一说法甚至在某些日本野史中也有记载。据说，只要病人一心向善，登上富士山就可以治好或减轻病痛。富士山究竟有什么神奇的力量可以医治人的疾病呢？目前为止还是未解之谜。

# 日本幕府黄金宝藏之谜

日本赤诚山因传说藏有巨额黄金而引来无数寻宝者。相传日本德川幕府统治末期，曾为储备财产，秘密地制定了埋藏黄金计划，而藏金地点就是赤城山。赤城山确实藏有黄金吗？这一谜底有待人们去揭开。

巨额的黄金宝藏历来使无数探险家和寻宝家们趋之若鹜。而在日本这个岛国，历史上也有巨额黄金宝藏的传闻。据日本民间传闻，日本的赤城山之所以名闻海内，是因为传说中埋藏着天文数字般的黄金宝藏。另据传闻，赤城山的黄金埋藏量高达400万两。

1860年，饱受内忧外患的日本正值德川幕府统治末期，由于受幕府“闭关锁国”政策的影响，日本的经济也十分萧条。当时，世界主要大国的金银兑换率为1:15，而日本国内仅为1:3，许多投机奸商趁机猛赚差价，日本国内出现了严重的黄金外流现象，经济已到了崩溃的边

缘。为了继续维护幕府的专制统治，也为了储备黄金以利于军备，当时的德川幕府“大佬”（府最高执政官）井伊直弼便以贮存军费为名，极其秘密地制定了埋藏黄金计划，赤城山就被选为理想的藏金之地。

后来，当时强藩的中下级武士出身的倒幕派将大佬井伊直弼暗杀在江户（今东京）的樱田门外（史称樱田门事变）。井伊直弼死后，他的属下继续执行埋金计划。19 世纪 60 年代末，德川幕府终于被倒幕派推翻，江户时代结束。1868 年 7 月新政府改江户为东京，明治政府上台，赤城山藏金的下落也就成了一个不解之谜了。

一个多世纪以来，有许多想一夜暴富的人纷纷来到赤城山探宝，但都无果而终。由于迄今未挖掘出黄金，人们开始怀疑藏金之事未必可靠，但据日本史实记载，事实上藏金是有可能的。据史料记载，德川幕府时期的江户南北两町奉行所这种小部门在当时都存有上万两黄金，所以幕府巨额藏金是有一定可信度的。从这个角度上说，人们对赤城山的探宝活动还远远不会终结。

# 古崖居之谜

从山顶洞人的穴居到目前人们居住的高楼大厦，人类一直在不断地改造生存的环境，在延庆地区发现的古崖居为此提供了佐证，但古崖居的居民究竟是什么人呢？

古崖居是我国古代先民在陡峭的岩壁上开凿的岩居洞穴，共有117个。它的建造者在史志上并无记载。此处是我国迄今为止发现的规模最大的岩居遗址。古崖居位于北京市郊延庆西北部山区一条幽静的峡谷中，是北京市重点文物保护单位和全国青少年教育基地。

古崖居依其开凿的石室位置所形成的自然村落可以分成前、后两个区域。前沟南、北、东三坡凿有91处石室；后沟东坡一处凿有26处石室；石室或长方形，或方形，单间或2～3室通连，有的为套间平行，有的为上下两层，并有典型的“三居室”。古崖居留有许多人类生存的

痕迹，如门、窗、壁橱、灯台、石炕、排烟道、石灶和马槽。

延庆古崖居被称为“中华第一迷宫”，对于它的开凿年代、用途及历史背景，研究者们有的认为它是古时屯兵之所，也有的判断其为江湖上绿林好汉的藏身之地，迄今尚无最终定论。

曾经生活在这里的民族是怎样生活的呢？这里曾拥有过何种繁荣？这个民族早已销声匿迹，不知魂系何方。深山中的这些石头洞带给人们无数的谜题。

# 神秘的头骨堆之谜

历史的演化伴随着战争的发展而前进，在燕下都发现的头骨堆就是历史的痕迹，但如此多的人头骨究竟是由于什么原因而遗留下来的呢？人们百思不得其解。

在河北省易县燕下都遗址处，有14个圆形夯土墩台，这些墩台高约10米、直径达几十米。考古人员通过对部分墩台的发掘，发现其中都埋葬着大量距今约有两千多年的人头骨。通过对这些人头骨的鉴定，专家们判定他们为20岁~30岁的青壮年，且都为男性。同时，专家推测这些人头骨极有可能是当时战败者的首级。

人们一直对这14个土墩的成因迷惑不解，专家们一直众说纷纭，

神秘的头骨留下了无法解释的谜团

莫衷一是。有些专家认为这是公元前314年燕国“子之之乱”受害者的首级，当时的内乱使燕国死伤几万人，后来有人将被砍杀者的头颅埋在一起，形成了今天发现的“人头墩”。也有专家认为是公元前284年乐毅伐齐大胜时从战场带回的齐军首级。

人们在此处共开挖了50平方米，清理出三百多人头骨，部分人头骨有明显的砍杀痕迹，有的头骨上还插有青铜箭头，应该为当时战败者的首级。

像这样大规模的带战争创伤的骷髅成批出土，在世界上是极为罕见的。有关专家一直致力于对其成因的研究。尽管观点不一，不过相信在不久的将来，这一真相一定会被揭开。

# 环境致癌之谜

环境因素是致癌的重要原因。据报道80%的人类癌症与环境中的理化因素有关，其中以化学因素致癌为主。

我国山西省阳城县位于太阳、太岳和中条三条山脉的交界之处。该县境内丘陵山地连绵起伏，共同构成了这些山地丘陵的岩层，西南部年代较老，东北部则年代较轻。其中，古生代石炭纪、二叠纪的一些砂岩、页岩和薄层的石炭岩都裸露在阳城县境内的中北部一带。然而这些看上去极为普通的岩石，却产生了令人惴惴不安的现象，即这一带是我国食道癌发病率最高的地区。食道癌是我国发病率较高的恶性肿瘤，在地理分布上，河南、河北和山西交界处的太行山地区是高发病区。而阳

环境中的某些化学物质会引起机体疾病，甚至死亡

城县正在这一地区之内。

那么，究竟哪些环境因素会导致食道癌的发生呢？一些地质工作者指出，裸露出地层的岩石与食道癌的发病有着极为密切的关系。发育在这一地层上的是一种质地较黏稠的碳酸盐褐土和褐土性土壤，难道是这些地层中存在某种致癌物质？除此之外，从地貌特征上来看，发病率和死亡率最高的地带是海拔500米~900米之间的一些陇岗状和圆丘状丘陵地区。地质工作者的分析为揭开这一地区食道癌致病之谜提供了重要的思路，虽然目前还未能最终揭开环境因素致癌之谜，但终究有一天人们能够从地学线索中破译食道癌发病的真正原因。

# 冰冰背四季颠倒之谜

自然界四季变化都是遵循着一定的规律的：春天阳光和煦；夏季骄阳似火；秋季凉风习习；冬季白雪皑皑。可是，在我国河南林县便有那么一个地方，与我们所了解的自然气候截然相反。

在我国河南省林县石板岩乡西北部的太行山半山腰处，有一处驰名中外的风景胜地——冰冰背风景区。因为该地位于太行山的阴坡之处，而当地人又习惯将阴坡称为“背”，所以它得名为“冰冰背”。这里海拔1 500米，交通便利。由于那里气候温度颠倒异常，因此成为了游人们为之神往的奇异之地。

关于冰冰背的传说有很多，有人说冰冰背是北魏高欢娘娘的避暑御

寒宫；也有传说，冰冰背是当年如来佛祖镇压孙悟空的地方等等。而实际上，每年阳春三月，正值大地草木葱翠，百花盛开时，冰冰背却如同“三九”寒冬，开始结起冰来，且结冰期长达 5 个月之久。当 6 月的三伏天，人们挥汗如雨，闷热不堪之时，这里却正是冰期盛季，一旦踏上此地，顿时会感到寒气逼人，冰冷刺骨。而八月中秋，霜降叶枯的时候，冰冰背却开始冰雪消融。寒冬腊月，千里冰封，万里雪飘，冰冰背却是热气腾腾，泉水淙淙，气候温暖宜人，且山沟里花团锦簇，树木嫩绿鲜艳，附近的桃树提前萌芽、开花，景象奇美。冰冰背为何会四季交错，时令颠倒，迄今为止仍缺乏权威的解释。

# “天坑”之谜

长江三峡向来以它的雄伟险峻著称，在重庆市境内靠近三峡的地方，便有著名的天下第一坑“小寨天坑”。那里珍稀物种丰富，是人们探寻三峡历史的活教科书。

在重庆市奉节县境内靠近长江三峡的地方，有一处被誉为“天下第一坑”的小寨天坑。这处天坑外形为椭圆状，坑深662米，总容积约1.19亿立方米。该天坑在喀斯特地貌学上被称为“漏斗”，据相关专家考证，小寨天坑是迄今为止世界上发现的最大的“漏斗”。

小寨天坑的坑底有一条巨大的暗河，河水发源于一条被当地人称为“地缝”的神奇峡谷。据考证，地缝全长37千米，最窄处仅为2米，而峡谷的高度达900米，从而形成了气势恢宏的“一线天”景观。从高空俯瞰，在群山的环抱之中，茂密的原始森林深处，隐隐约约地可以看到一条云雾缭绕的狭窄缝隙，那便是深达数百米的神奇地缝，并被岩溶地质学家称为“世界喀斯特峡谷奇中之稀”。在距离小寨天坑不远之处，还有一处与三峡夔门几乎完全相同的峡谷，当地人称其为“旱夔门”。从旱夔门再向深处看去，地势险峻，令人无法进入，至今尚未探明其内部景象。

中外探险家曾多次在这里进行科学考察活动，如今已探测的洞穴近100个，已探明的地下暗河100余千米，发现了珙桐、桫椤、红豆杉等珍贵植物2 000余种，以及大鲵、玻璃鱼、林麝20余种稀有动物。科学家认为，天坑地缝不仅是构成地球第四纪演化史的重要例证，同时也是探索长江三峡形成原因的“活化石”。

# 狗头金之谜

金是自然界中比较稀有的金属，人们将其视为财富的象征。而在自然界中天然形成的金块更为罕见，于是人们便把关注的目光投在了“狗头金”上，探寻着“狗头金”形成的秘密。

在人们的俗语中天然的金块又被称为“狗头金”。1985 年，在我国四川的白玉县发现了一块重 4.125 千克的狗头金，1986 年又采得一块重达4.8 千克的大金块，这是我国自建国以来发现的最大的天然金块。

人类历史上发现的最大的狗头金是于1872 年10 月10 日在澳大利亚新南威尔士的沙金矿中掘获的，该金块重约285 千克，总价值超过千万美元！然而对于这种天然金块的由来，迄今为止仍众说纷纭，没有最终的定论。传统观点认为，巨大的狗头金产自于原生金矿，是纯天然的大块山金，大风化破碎时被分离出来，进而又被洪水或冰川机械运动带到低洼地沉积而成。但奇怪的是，在开采原生金矿时，并没有发现过巨大的金块。美国地质考察局曾提出新的观点：天然金块很可能是由几种土壤细菌结合而成的，由于流水中的可溶金即金离子与细菌孢子表面发生化学反应产生作用，从而形成“生成晶体金”的基础。然而，金能否溶于水？据日本希塔金矿的报道，钻机在500 米深的地方曾发现过含金量高达228 克/吨的热水，这一事实为狗头金的成因之谜又带来了新的争论：金在怎样的条件下能够与水相溶，又是在什么条件下能够聚集成巨大的金块等等。这一系列问题已成为人们亟待解决的谜题。

# 红海之谜

有人说，红海得名于其海底世界中大量繁殖的红色束毛藻。也有人认为，夕阳穿透云层，照耀红色山峦，映射在海中，散发红色光芒，红海因此而得名。然而，红海深处究竟隐藏着怎样的奥秘呢？红色的海水又有着什么神奇之处？

红海位于非洲东北部与阿拉伯半岛之间，形状狭长，从西北到东南长1 900千米以上，最大宽度306千米，面积45万平方千米。红海北端分叉成两个小海湾，西为苏伊士湾，并通过贯穿苏伊士海峡的苏伊士运河与地中海相连；东为亚喀巴湾。南部通过曼德海峡与亚丁湾、印度洋相连。红海是连接地中海和阿拉伯海的重要通道，是一条重要的石油运输通道，具有战略价值。

关于红海名字的来历，有两种说法。第一种得到比较广泛的认可：红海海水一般呈蓝绿色，但当一种叫束毛藻的海藻大量繁殖并开花时，海水则变成鲜艳的红褐色，非常独特，人们因此称其为“红海”。另一种说法则比较有情调：大漠上夕阳西下，海中就会倒映出泛着红光的山峦，因此被叫作“红海”。

红海大约形成于四千万年前。那时，在今天非洲和阿拉伯两个大陆隆起部分轴部的岩石基底，发生了地壳张裂。千万年来，海水逐渐淹没部分裂谷，板块运动一直没有停止，大致齐整的红海两岸以每年10千米的速度反向移动。这样的运动不但没有停止的迹象，反倒有可能加速。这样的变化十分类似于大西洋，再过大约两亿年，红海很可能与大西洋一样大了。

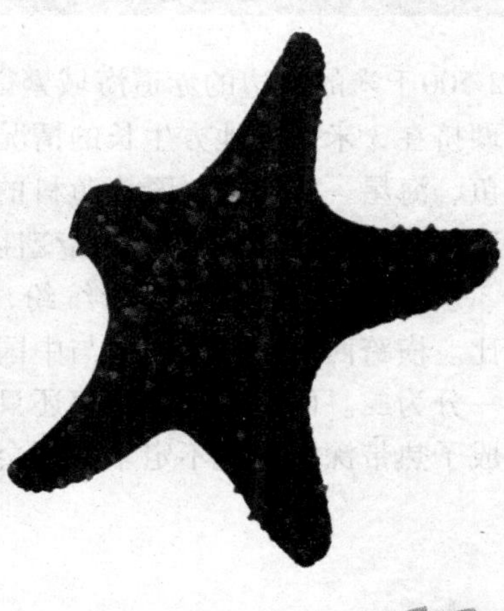

红海下的地壳运动，除了使红海的东西海岸线翘起分开以至于两岸的河水不再流到红海以外，分离板块的沿线火山活动增多而导致水温上升至59℃，这是地球海面最高的温度了。

红海还是世界上最咸的海，含盐量达到4.1%。这是因为红海受东西两侧热带沙漠夹峙，常年空气闷热，尘埃弥漫，明朗的日子较少。红海降水量少，蒸发量却很高，每年损失相当于1.8米深的水，多亏印度洋通过曼德海峡向红海补水，使其避免了干涸的命运。

科学家在这里发现了15个“深潭”，其实是一些温度特别高、盐度特别浓的深溶蚀坑，矿物质含量极高。其重金属浓度竟然是普通海水的30 000倍。仅在上层9米的深积土中，所含的铁、锰和锌总值就将近20亿美元。

红海最丰富的宝藏是那些生活在它的怀抱里的海洋生物。由于红海海水较暖，世界上最壮观的珊瑚礁聚集在陡峭的海岸边的狭长地带，它们最早形成于6 000年~7 000年前，到目前为止，可辨认的品种有177种。这其中的许多种类通常只在据此大约2 500千米的南边的赤道海域繁衍。这里非常拥挤，竟然出现20多种珊瑚挤在3米宽的地方生长的情况。这里是上千种鱼类栖息的乐土，鹦嘴鱼、海星、海蛞蝓，隆头鱼科的鱼则有50多种。还有一些和其他地区珊瑚礁鱼群一样能够演变出变性能力的鱼种。

红海的海底世界五彩缤纷，沿岸荒凉的陆地与此形成了鲜明的对比。横跨西非毛里塔尼亚与中国中部戈壁滩的大沙漠被这片狭长的水域一分为二。两亿年前，红海还只是亚非大陆中的一小片洼地，今天已经成了热带深海，说不定未来还会变成辽阔的海洋……

# 响沙湾传说之谜

沙子会发出声音吗？大部分人会说“不”，可这样的事却真实存在，并且这里的沙子还有着许多神奇的传说。沙子发声到底是因为什么呢？

## 美丽的传说

响沙湾位于内蒙古自治区鄂尔多斯高原北部的库布其沙漠东端。响沙湾呈半月形，其上没有任何植被覆盖。之所以称其为响沙湾，是因为当人们从沙丘之巅向下滑动时，身下的沙子会发出“嗡嗡”的响声，使人感觉十分神奇。

“沙子怎么会发声呢？”这是所有滑沙者都不禁要问的问题。响沙湾的沙鸣至今仍是一个谜团。因对其成因无法解释，所以当地的人们赋予它许多美丽的传说。

相传在很久很久以前，这里有一座香火旺盛、建筑宏伟的寺庙。一天，正当千余名僧人席地念经、钟鼓齐鸣之时，忽然天色大变，狂风席卷着沙石，顷刻间将寺庙埋入沙漠之中。现在人们听到的沙响声，就是僧人们在沙下诵经、击鼓、吹号的声音。还有人说是佛祖释迦牟尼四海传经布道，曾来到鄂尔多斯高原，给信徒们诵经。之后便将诵经声留在了响沙湾。自那以后人们才得以聆听佛祖的教诲，免入歧途。也有人说在远古时期，有一仙人云游四海，来到此地，坐沙小憩，奏乐解乏，美妙的神曲渗入了沙中。以后的游人每经此地，只要拨动沙子，就能听到神曲。

## 多种学术说法

这一系列的传奇故事数不胜数，不过若想真正揭开“响沙湾”的奥秘，还有待于进一步的科学研究。一些科学家解释说：沙丘表层的沙子中含有大量石英，沙层在外力推动下，石英沙会因相互摩擦产生电。沙响声即为放电声。

还有一些科学家认为，造成沙子滑动时产生回音的正是响沙湾的月牙形状。也有一些科学家认为，沙丘下的水分蒸发会形成一道肉眼看不见的蒸汽墙，而在沙丘的脊线上，强烈的光照又形成一道热气层，蒸汽墙与热气层正好组成一个“共鸣箱”，沙层在被风吹或搅动时就会发出响声。

另有一些解释说：响沙湾的山坡基岩是白垩纪砂岩，裂隙很多，下层水气被湿沙层封闭，当人下滑时，饱含空气的沙层下部受挤压，被封闭的气体迅猛释放，发出响声。在发生之后，空气会重新饱和，当后面的人下滑时，就会有同样的响声发出。如此往复。不过更有人提出了与之截然相反的观点，他们认为人从沙丘之巅下滑时，人体重力推动了湿沙层，湿沙层下滑时形成裂隙，干沙和气体往裂隙中填充时就会发出响声。

科学家们众说纷纭，莫衷一是，真正的谜底还有待于进一步的探讨和研究。

世界上已发现的响沙有百余处。响沙湾并不是唯一的一处。只我国境内与响沙湾齐名的响沙就有好几处，分别为：新疆哈巴河县鸣沙山；木垒县鸣沙山，风吹沙鸣，经久不息；巴里坤县鸣沙山，因策动力不同，声响各异，或清脆悠扬，或沉闷单调，或澎湃激昂，十分有趣；宁夏中卫沙坡头，沙响声如轻雷滚滚，又似清脆钟鸣，素有“沙坡鸣钟”之称；甘肃敦煌鸣沙山伴着涟漪萦绕的月牙泉，花草丛生、细沙鸣乐，是最美妙和谐的响沙景观。

# 乐山巨佛之谜

“山是一尊佛，佛是一座山。率领群峰来，挺立大江边。”这是诗人们对乐山大佛的赞叹。然而有人却在那里发现了佛中有佛的奇景，并将其称为乐山巨佛。到底大佛与巨佛存在怎样的联系呢？大佛又为何选在栖架峰呢？这些谜团可能会在不久的将来被解开。

1989 年 5 月 11 日，广东省顺德县冲鹤乡 62 岁的一位姓潘的老人正在兴致勃勃地游览乐山名胜。当他乘船返回时，偶然回首对岸古塔，塔的周围正搭架重修。此时天气晴朗，山水云天颇具画意。他举起照相机，拍了一张风景照。5 月 25 日，返回家中的潘老在朋友们的索要下，将照片拿出来看，友人们大加赞赏。潘老也在一旁欣赏，突然他感到照片中的山形恰如一名仰卧的健壮男子，细看头部，更是眉目传神。老人兴奋不已，示以众人，无不称奇。照片一传十，十传百，前前后后共有五百多人来观看，观者无不惊呼：“这才是真正的乐山巨佛！”

## 三座大山组成的大佛

潘老将此照片印制多份，寄往有关部门。一天，在四川省文化厅工作的一位姓甘的工作人员收到了潘老拍摄的乐山巨佛照片。这位从事文化事业几十年的老同志，手执照片，禁不住叫出声来：“这的的确确是一尊巨佛呀！”从照片上看去，确实有一尊巨佛平静地躺在江面上。

甘同志将收到的巨佛照片即刻送到周厅长处，厅长立即决定派人进行实地考察。一支由甘同志等人组成的乐山巨佛考察队出发

了。考察队首先向潘老询问了拍照的时间、地点，及当时的情景。经过一个月的实地考察，最后终于在名叫“福全门”的地方照下了巨佛的身影。考察人员说，只有“福全门”才是最佳的观赏地点。从“福全门”处举目望去，仰卧在江畔巨佛的魁梧身躯清晰可见。那形态逼真的佛头、佛身、佛足，分别由乌尤山、凌云山和龟城山三山连接构成。

仔细观察佛头，就是整座乌尤山，其山石、翠竹、亭阁、寺庙，加上山径与林木，呈现出巨佛的卷卷发髻、饱满的前额、长长的睫毛、平直的鼻梁、微启的双唇、刚毅的下颌，看上去栩栩如生。

再观察佛身，是巍巍的凌云山，有九峰相连，宛如巨佛宽厚的胸膛、浑圆的腰脊、健美的腿胯。

远眺佛足，实际上是苍茫的龟城山的一部分，其山峰恰似巨佛翘起的脚板，好似顶天立地的“擎天柱”，显示着巨佛的无穷神力。

## 佛中之佛

然而，更令人称奇的是，那座天下闻名的乐山巨佛恰恰耸立在仰卧巨佛的胸部。这尊世界最高、最大的石刻坐佛身高 71 米，安坐于巨佛前胸，正应了佛教所谓“心中有佛”“心即是佛”的禅语。这是否是乐山巨佛所暗示的“玄机”呢？

乐山巨佛作为四川旅游的重要景观已吸引了众多游客前来观看。那么，它是怎么形成的呢？这是它留给世人的一个谜。现在有一种推断：

据《史记·河渠书》记载："蜀守冰凿离堆，辟沫水之害。""冰"即为李冰，是中国古代著名的水利工程师，也是都江堰的创建者，"离堆"就是乌尤山。到了唐代，僧人惠净为乌尤山立下这样的法规：任何人不得随意挪动和砍伐乌尤山的一石、一草、一木。代代僧众都视此信条为神圣不可违犯的法规，因而才保证了乌尤山林木繁茂，四季常青，人们才可能看到形态如此逼真的巨佛。

据研究乐山的专家们介绍，迄今为止还没有发现和听说关于巨佛的文字记载和民间传说。那么，巨佛是纯属山形地貌的巧合吗？但为何在佛体全身，人工的刀迹斧痕比比皆是呢？为什么在 1 200 多年前的唐代开元年间，海通法师劈山雕凿乐山大佛时却偏偏选中了凌云山的栖驾峰，并雕在巨佛心胸处呢？

如今，到乐山观光赏佛的游人络绎不绝。不仅国内游人如此，许多国外游人也慕名而来，尤其考古者更是兴致勃勃。或许，在不久的将来，人们就能解开巨佛之谜吧！

# 敦煌石窟之谜

莫高窟是中国四大石窟之一，也是世界上现存规模最大、保存最完整的佛教艺术宝库。栩栩如生的雕像和壁画，诉说着千年的沧桑。然而，莫高窟是何时、何人发现的呢？敦煌文物又是因何流落国外的呢？种种谜团吸引着人们的目光。

敦煌石窟位于甘肃省河西走廊西端的敦煌市。敦煌是古代“丝绸之路”上的名城重镇。在漫长的东西文化交流的历史长河中，这里曾经是中西文化的荟萃之地。彼此之间的相互交融，创造出世界瞩目的“敦煌文化”，为人类留下了众多的文化瑰宝。

中国最神奇、最壮丽的景色之一就在敦煌城东南鸣沙山东侧的断崖上——千佛洞的一大片蜂窝状石窟。

## 文物失窃

石窟洞壁上布满了众多神态生动、内容丰富的壁画，表现出中国古代社会生活和思想的丰富多样。洞窟内还有上千座彩塑佛像，这就是千佛洞旧称的来历。此外，还有藏书约达30万卷的藏经阁，收藏着11世纪或更早时期有关农事、医药、法律、科学、天文、历史、文学和地理等的经籍，更有一批精美丝绢及彩图卷。但经籍和艺术藏品在“文物盗窃案”中已散失不全。

所谓“文物盗窃案”的故事是这样的：19世纪末，敦煌石窟在历史的长河里静默。没有佛教徒去参拜，流沙也堵住了洞口。当时一个名叫王圆箓的穷道士来到鸣沙山，发现了这些湮没在沙尘中的石窟群。他将一个石窟打扫干净住了进去。

有一天，他在其中一个石窟中清扫，偶然间发现一间密室，里面有大量的古籍和其他物品。王道士赶紧将此事禀报敦煌县衙，但是等候多日，仍不见有任何回音。王道士没有办法，只好再次去县衙打听，敦煌县衙的官员却只是让他代为妥善保管。

慢慢的，经过王道士整理后的敦煌石窟有了一些游客，敦煌发现宝物的消息也传了出去。1907年3月，英国探险家斯泰因来到敦煌。他参观了千佛洞，来到了王道士的洞窟。斯泰因在王道士身上做足了功夫。他先是说只是想拍摄一些壁画的照片，过了很长时间才提出想看看古籍的样本。当他发现王道士对此感到不安，斯泰因就岔开话题。过些日子之后，斯泰因又绕到了这一话题上，他说了很多好话，阿谀奉承等手段也都用了个遍，并表示他愿意给他一大笔钱来修缮寺院——这是王道士最大的愿望。

就这样，斯泰因取得了王道士的信任，进入了密室。斯泰因面对那些古籍的时候，强忍着内心的喜悦，表现出一点都不在意的样子，让王道士以为自己发现的东西并不值钱。而后又编造了一堆听起来可信度颇高的谎话，将古籍骗了出来，斯泰因不断以“捐助修缮寺院”的名义塞给王道士一些金钱，王道士就这样在对斯泰因的信任中留下了千古罪名。

斯泰因共弄到24箱文物，其中包括3 000多卷经籍和200多幅绘画，还有装得满满的5箱绢帛。这么多稀世珍品，斯泰因仅花费了相当于现在的50美元就从王道士的手里以“随缘乐助”的名义骗到手了。

## 珍贵的文物

这些珍贵的敦煌文物，至今仍然存放在大英博物馆。事实上，藏经洞里的宝物比斯泰因想象的具有更加巨大的价值。经过研究，证实所有的手抄本都是宋真宗在位（公元997～1022年）之前的文物，这些经书中包括公元3世纪和4世纪时的贝叶梵文佛典，也有用古突厥文、突厥

文、藏文、西夏文等文字写成的佛经，还有世界上最古老的手抄经文，甚至连大藏经中都未曾收集到的佛典都有。出土的藏经中甚至有禅定传灯史的贵重资料，各种极具价值的地方志，摩尼教和景教的教义传史书。其中还有大量的梵文和藏文典籍等，对于当今古代语言文字的研究有着重大意义。另外，其中包含的各类史料也在很大程度上影响了以后的外国史学和中国史学的研究。

敦煌石窟出土的经卷对世界文化史上的所有领域而言，都是璀璨的珍宝。当然，要想判明它们对这些领域的改变到底能起到多么大的作用，还需要后人付出更多的时间进行研究。

# 石头“生蛋”之谜

坚硬的石头竟然会生蛋，这太让人不可思议了。然而在贵州省三都水族自治县登赶山的一处石崖居然每隔30年就会自动掉落出一些石蛋，究竟是怎样的神奇力量会使石崖“产蛋”呢?

生蛋本是生物的一种繁衍方式，然而在自然界人们也发现了这种“生蛋”的奇怪现象。在中国贵州省三都水族自治县有一座登赶山，这座山初看起来丝毫没有特异之处，同许多山一样处处长满绿草杂树，远远望去更是丝毫不引人注目。登赶山山腰上有一块长20多米、高6米的“悬崖峭壁”。这块石崖虽然坡度极陡，但除此似乎并无特别之处。然而，就是这块石崖却有着令人称奇的功能，那就是会“生蛋”——它大约每隔30年就会自动“产出”（掉落）一些石蛋，被当地人形象地称为“产蛋崖”。这一奇异的地理现象究竟是如何发生的，这座并不太知名的陡崖究竟为何会“生”出石蛋来呢?

## 恐龙蛋假说

石崖产蛋的消息传开后引起了轰动，很多人都想揭开这一谜底。2005年，地质专家看到石蛋的照片后，发现这些石蛋的形状和大小竟然和恐龙蛋十分相似，认为这有可能就是恐龙蛋化石，它们是因为风雨剥蚀而从石崖内露出并掉落下来的。但地质专家经过实地考察分析后，结果却让人大失所望：石蛋并非恐龙蛋化石。那这些石蛋到底是什么呢?

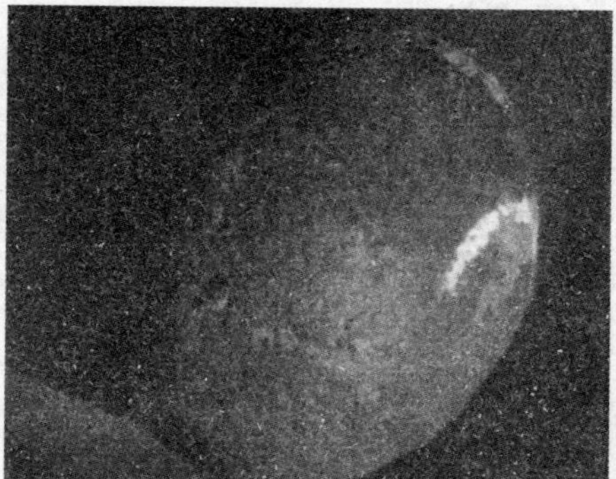

## 揭开谜底

为了破解这一奇异的地理谜题，多名地质专家汇聚此地。经过严密的测定，专家们发现这座石崖属于泥岩，而产出的“石蛋”却属于常见的石灰岩。专家们根据当地的岩石年代推算，5 亿年前的三都水族自治县所在地域还是一片深海，后经强烈的地质运动影响，深海中的软泥结成了泥岩，而部分岩石结成了石灰岩。经过亿万年的地质演变，它们最终都暴露于地表。不同岩石的风化速度差异很大：泥岩构成的崖壁风化速度要明显快于石灰岩的风化速度。当泥岩层层风化剥落，这些石灰岩构成的石蛋就会“浮出水面”。而崖壁和石蛋的风化速度大约相差 30 年，这就是产蛋崖大概每过 30 年就会“生蛋”的基本原因。

# 欧洲

人们一踏上欧洲，就会情不自禁地喜欢上这里。它不仅有着令人赏心悦目的异域风情，更有着令人莫可名状的独特魅力。它正以它千姿百态的风采将人们好奇的目光吸引到这里。

# 法兰西“手印”

远古人类在祭祀中的仪式纷杂，但他们是否会把他们的某个手指切掉呢？这是研究法国西南部加加斯山洞壁画的专家提出的一个怪异的问题。这个山洞里的史前壁画与西班牙文塔米拉及法国拉斯考等山洞壁画类似，同样让人捉摸不透。

## “手掌山洞”

加加斯山洞位于欧洲比利牛斯山脉，素有“手掌山洞”之称。在加加斯山洞里面黑色洞壁上的壁画，虽历经了35 000年的岁月，却仍旧光彩夺目，不曾退色。因此加加斯山洞被人们称为“手掌山洞”。

## 加加斯洞穴手印谜团

加加斯洞穴的手印，也许是现存最古老的洞穴艺术品，约形成于35 000年前的冰期后期，由今天欧洲人直系祖先克罗马农人绘制而成。克罗马农人是旧石器时代某些穴居部族中的一支，但他们不是最早在加加斯山洞壁上留下痕迹的生物。在他们之前，于洞内留下痕迹的是一度在西欧各地出没的巨熊。这些巨熊像今天的家猫在家具上磨砺利爪一样，也在洞壁软石上磨，在石壁上留下了爪痕。在这些爪痕之间，散布着一些凹入土中的连绵曲线，则可能是人类在模仿巨熊时留下的痕迹，其历史也许比手印还要久远一些。

加加斯洞壁上，总共有150多个摹绘或手绘的印记，其中大部分又是左手而不是右手的手

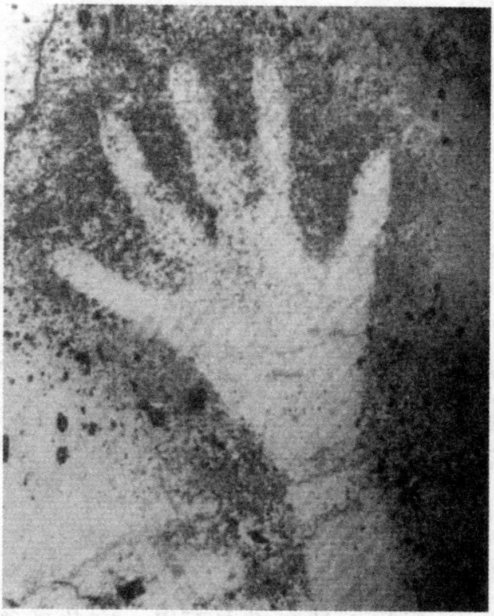

印。手印本身以及黑色手印四周边框的颜色，大多是红赭色。但不论红色或黑色的手印，用手电筒或灯光照射时，都散发着神奇的光泽，因为岩画表面覆盖着一层薄而透明的石灰石。由于加加斯山洞里面极为潮湿，这种沉淀物仍在不断沉积。有些掌印呈黑色，印在红色框里，另一些则是红色。大多数掌印总有两只或多只手指缺了节，这是为什么？

## 手印的制作

与此一致，澳大利亚土著居民和非洲某些部落在山洞中也遗留下了一些手印，很可能是原始民族文身习俗的外延行为。手掌涂上红赭石颜料，再压在洞壁光滑的石块上，便会留下掌印。至于所产生的摹绘效果，则可能是手掌压上石壁时，将液体或粉状颜料吹喷到手上造成的。加加斯洞穴的手印以左手为多，颜色很可能是从右手所持的管子喷洒出去的。

## 几种推测

洞穴壁画中的手印通常至少有两根手指的前两节不知去向。有时四根手指均如此；有时除食指外均如此；有时只有食指及中指如此；有时则只有中指与无名指如此；然而拇指永无残缺现象。

经过仔细研究，人们发现这些手指极可能是被强行切去的，并非只是翘了起来。有人说，由于克罗马农人生活于冰期的后期，也许他们由于冻疮而失去了手指。可是，有些人类学家认为，他们切去一节或两节手指可能是一种宗教祭祀行为，但是这种断指行为有什么用意，至今尚无人知晓。如今的非洲卡拉哈里沙漠地区一个游牧民族和北美洲的印第安人，也有类似的断指习俗，以断指来作为祈祷新生婴儿好运的祭礼或祈求猎神赐福。

# 流不尽的“圣水”

在一个名为阿尔勒小镇的教堂里，有一口看上去很普通的石棺，然而它却有着令人惊奇之处。石棺能够源源不断地流出圣洁的清泉。泉水纯净甘甜，而且具有神奇的功效，为当地的百姓带来吉祥与幸福。“圣水”中究竟蕴藏着哪些奇异的元素呢？人们在不断地探寻……

世界上的事千奇百怪，有些现象连科学家也无法解释。在法国比利牛斯山区的代奇河畔，有一个名叫阿尔勒的小镇。

小镇的教堂里面摆放着一口石棺。这口石棺看上去很普通，但却有着 1 500 年的历史。它大约有 1.93 米长，是用白色大理石精雕而成的。据说，这口石棺是公元 4 世纪至公元 5 世纪时一个修道士的灵柩。

这倒也不稀奇，奇怪的是在这口石棺里长年都盛满清水，却没有一个人知道这水是从哪里来的。

## 美丽的传说

在阿尔勒镇的老人中流传着几种关于这口石棺里的“圣水”的传说。其中有一种是这样说的：

公元 760 年的一天，一个修道士从罗马带回来两个人，一个叫圣安东，另一个叫圣塞南。这两个人都是波斯国的亲王。他们在那个修道士的引导下，成为基督教的忠实信徒。圣安东和圣塞南传道途经阿尔勒镇时，留下了一样圣物，没有人知道这个圣物到底是什么。不过，从那以后，

这口石棺里面就开始源源不断流出“圣水”。这“圣水”为当地的老百姓带来了吉祥和幸福，圣安东和圣塞南也被老百姓们尊称为“圣人”。

为了纪念两位“圣人”，阿尔勒镇上的人们每年7月30日都要在教堂里举行隆重的纪念仪式——在石棺前的铜管中取“圣水”。

每到这一天，教堂的修道士们便把石棺打开，向人们分发“圣水”。人们把“圣水”领回家以后，就小心翼翼地收藏起来，不到万不得已时不会拿出来使用。因为，这“圣水”有一种特别神奇的力量，可以医治好多种疾病。

## “圣水”之谜

关于阿尔勒镇这口石棺中的“圣水”有着各种各样的传说，而且说法都不一样。不过，从这口石棺里流出来的“圣水”却是真实可见的。为什么阿尔勒镇教堂的这口石棺会有源源不断的“圣水”流出呢？这神奇的“圣水”究竟是从哪里来的？这些疑问，深深地吸引了好奇的科学家们。

1961年7月，两名来自格累诺布市的水利专家来到阿尔勒镇，想解开这口石棺的“圣水”之谜。他们初步认为这是一种渗水或者凝聚现象，才使得石棺里面有了“圣水”。于是，在征得修道士们的同意以后，他们想办法把石棺垫高，使它和地面隔离开来，然后用一块特别大的塑料布把石棺严严实实地包裹起来，为的是不让外边的水汽渗到石棺里面去。为了得到最佳的实验效果，两名专家做完了这些事情后，又决定日夜守在石棺跟前，不让任何人靠近它。

几天后，他们打开石棺一看，真是太神奇了——石棺里边的“圣水”居然一点儿也没有减少，还是那样源源不断地流着。

两名专家谁也说不清楚这到底是怎么回事儿！他们又对石棺里面的“圣水”进行了鉴定，结果发现石棺里面的“圣水”即使不流动，它的

水质也是纯净的，就好像可以自动更换一样。

这个实验引起了许多科学家的兴趣，他们不远万里来到阿尔勒镇，可结果仍一无所获。最后，有一些相信“超自然能力”的专家作出了这样的解释：公元760年，圣安东和圣塞南拿着“圣物”来阿尔勒镇教堂之前，曾经把“圣物”放置在罗马的一个教堂里，而那个教堂的旁边一定有一口泉水井，泉水井里的泉水渗透到“圣物”上，这样就使得“圣物”有了自动出水的神奇功能。

当然，这些也只是猜测而已。要想最后解开阿尔勒镇教堂石棺的“圣水”之谜，还需要人们继续努力。

# 爱琴海诞生之谜

很久以前的一天，当游人们正沉浸在斯特朗海莱岛的美景中时，这座海拔 1 493．53 米的高山中突然耸动起来——火山爆发了！这次火山爆发使岛的中部崩塌成了一个大深坑，并陷入海底。岛上残留的陆地，也就是今天被称为圣多尼亚群岛的地方，全都被火山灰掩埋了。

考古学者发现在公元前 15 世纪前后，曾发生过一系列的大灾难，圣多尼亚火山真的是在这个时间爆发的吗？火山爆发能够造成这么严重的后果吗？

1956 年，雅典地震研究所的加拉诺坡罗斯教授无意中发现了这样一个问题：圣多尼亚火山爆发后遗留下来的小岛中有一个叫作西拉岛，岛上有人用矿场中的火山灰制作水泥。加拉诺坡罗斯教授在这个矿场的矿井底下，发现了烧黑的石屋遗迹，屋里有一男一女两人的牙齿，还有两块烧焦的木头。经过科学检测，死者应该是死于公元前 1400 年前后，也就是说在公元前 15 世纪左右。覆盖在他们身上的火山灰足有三十多米厚，由此可以看出，那也许真的是有史以来最大的一次火山爆发。

加拉诺坡罗斯教授说，圣多尼亚火山爆发所放出的辐射能量，大概相当于几百颗氢弹同时爆炸。大约 30 米厚的炽热火山灰掩埋了整个岛残留的陆地，面积达 207 199．2 平方千米地区的东南方的海床现在还堆积着一层厚度由几厘米至几米不等的火山灰，这是火山灰随风飘散的结果。

圣多尼亚火山爆发时产生的巨大威力，除了对地理的影响外，对世界文明的影响也是非常深远的。在圣多尼亚火山爆发时，现代西方文明的发源地古希腊还是

铜器时代的部落民族，而米诺斯文明已经发展得非常先进了。

克里特岛的十多个城市是米诺斯文明的中心，而圣多尼亚火山位于其边缘。米诺斯人使用的文字复杂，有许多体育运动，他们使用的厕所是抽水式的，他们知道如何把凉风引入室内调节空气，他们还制作了许多精美的工艺品和壁画，他们的使节和商船在古代世界各地均有足迹。

公元前 15 世纪末，光芒四射的米诺斯文明正值鼎盛时期却突然消失了。考古研究显示，米诺斯的城市全都在同一时期遭到摧毁，所有宏伟的宫殿都被彻底地毁坏了。

## 米诺斯文明消失引起的猜疑

米诺斯文明的突然消失，作为一个千古之谜，引起了无数猜测。有人说是由于内乱，有人说是外族入侵，最新的研究表明是地质巨变导致了该文明的消失。学者们现在已经确信圣多尼亚火山爆发是米诺斯文明消失的真正原因。火山爆发几乎毁灭了整个米诺斯民族。当时也有一小部分幸存者，他们逃到了克里特岛的西部，辗转到达希腊沿海的迈锡尼。希腊由于地理位置的原因，躲过了火山灰降落的灾难。

此后到公元前 1400 年左右，希腊迈锡尼文明开始蓬勃发展，希腊从此开始了有文字记载的历史。米诺斯难民把拼音字母、艺术、箭术和各种体育项目带到希腊去，还教会了希腊人制造金器，大概代表迈锡尼文化的陵墓和宫殿也是米诺斯难民帮忙建造的。

米诺斯文明和一场火山浩劫的故事，包括亚特兰蒂斯的故事，在各种传奇中流传下来，由埃及人留给了柏拉图。柏拉图在书中写道："这里发生了猛烈的地震和洪水，在不幸的一天一夜中，全体人一下子陷入地底，亚特兰蒂斯岛也以同样的方式消失在大海深处……"

根据柏拉图的记述，亚特兰蒂斯是一个岛屿王国，面积约 207 万平方千米，地中海都容不下它。所以柏拉图认为它在海克力斯之柱（今日的直布罗陀海峡）以西的大洋里，就这样，大西洋被称为亚特兰蒂斯。柏拉图还说，亚特兰蒂斯是在梭伦（雅典立法人）从埃及祭师那里得知亚特兰蒂斯消失以前的 9 000 年毁灭的。

考古学家指出，柏拉图的记述有些错误，比如他把埃及数字符号的"100"误认为"1 000"。正确地说，那场浩劫是在梭伦之前 900 年发生的，那么正是公元前 15 世纪，与圣多尼亚火山爆发时间一致。亚特兰蒂斯的面积应为 207 万平方千米，与地中海东部诸岛的范围恰巧一致。而且在希腊海岸，确实有两个叫"海克力斯之柱"的岬角。

从柏拉图对亚特兰蒂斯的描述来看，该岛国皇城所在的平原非常像克里特岛上米诺斯古城菲斯托斯所在的平原。而柏拉图对岛国上供奉海神圣地景象的描述，地质学家认为无论是地貌特征还是形状大小，都与圣多尼亚地区相吻合。直到今天，在海底火山口仍然能辨认出水道和港口的遗迹。这些依据以及其他相似之处至少使一位著名历史学家得出亚特兰蒂斯之谜已解开的结论。

## 圣多尼亚火山爆发的影响

圣多尼亚火山爆发可能对埃及北部产生的影响，是其另一重大意义。史书上记载，圣多尼亚火山爆发时，古埃及北部也深受火山灰和海啸巨浪之害，即史书上所称的“十大灾难”。毫无疑问，当时埃及正处于深重的灾难之中。

埃及北部大约724千米外，当时有许多以色列人在那里充当奴工。这些以色列人是不是趁着这次灾难爆发迁去“应许之地”的呢？《圣经·列王记》（上）第六章第一节写道：“以色列人出埃及地后480年，所罗门做以色列王……”这就可以推断出以色列人逃出埃及的时间恰巧在圣多尼亚火山爆发前后。

《圣经》上提到法老王追击以色列人，还与他的军队一起淹死在海里，这件事在埃及的史籍中也有记载。有些科学家认为，这场灾祸是圣多尼亚火山爆发时激起海啸造成的。可能在火山爆发后几个星期火山灰才落入海中。

希伯来文中的“Yam suf”的意义一说是“红海”，另一说是“苇海”，后者被大多数学者认同。根据考证，苇海即雪波尼斯湖，湖水带咸味，位于尼罗河与巴勒斯坦之间的西奈半岛北部，与地中海隔一道狭长的沙地。学者相信以色列人抓住爱琴海浪潮退去的空档，通过这座干枯的陆桥逃走，“水在他们左右”，大约20分钟左右，埃及人在海啸巨浪卷回来的时候被淹没。

但有关这些“出埃及记”的说法非常脆弱，不过这些事情发生的时间实在太接近了，不能用一句“纯属巧合”便一笔带过。这几件大事就好像拼图游戏中几块残缺的组件，学者们现在正努力寻找散失的“组件”，希望借此了解历史的真相。

# 圣潭的秘密

在帕尔斯奇湖东南部有一处深潭，它深不见底，人们称它为“不沉湖”或“上帝的圣潭”。这些年，在圣潭中发生了许多奇怪的事，也因此引来了许多游人和专家。但经过研究，专家们也没有解开圣潭不沉之谜，人们的探索仍在继续着。

## 名称的由来

在19世纪，有一家姓鲍伊的印第安人迁来此处定居，他们住在深潭的附近。一天，他们的木筏遇到了飓风。当木筏被吹到深潭时已经被肢解得支离破碎了。鲍伊一家7口人，有5人掉进了深潭。掉下水的人惊恐万状，拼命高呼救命。但是，木筏上的人不论怎么拼命也无法靠近他们。筏上的人眼睁睁地看着水中挣扎的人失声痛哭，水里的人也露出绝望的眼神……

就在这时，奇迹出现了：那些在水中挣扎得精疲力竭的人们，在绝望之际发现自己并没有下沉，他们觉得像被什么东西托住似的。最终，他们得救了。

后来，有一个叫蒙罗西哥的法国人来到此地，不小心也掉进了深潭，他和前面的人一样也侥幸逃脱了厄运。事后他对人们说：“就像是上帝的手把我托了起来，使我不能下沉。”从此，人们就称这个深潭为“上帝的圣潭”。

## 找不到深潭不沉的答案

“上帝的圣潭”的故事很快就传遍了世界，吸引了不少的旅游者。1974年，到火炬岛考察的伊尔福德一行人也慕名来到此地。经过水质分析后，他们

发现“圣潭”的水与周围的水没什么不同。因此，许多专家都猜测“圣潭”水下或许有特殊物质。当有物体落入水中时，这种特殊物质就释放出某种能量，增大水的比重，使物体能够浮在水面上。

但是，这一说法很快又被另外的专家否定了。因为他们经试验发现，当人落水时，圣潭中的水与圣潭平静时的水的成分并没有什么不同，也就是说，前后水样成分完全相同。更让人称奇的是，不仅人无法沉入水底，就是钢铁也不会沉下去。1979 年，美国科罗拉多州物理学会几位专家，协同圣弗朗西斯科海军基地和加拿大航海科学院，对“上帝的圣潭”进行了第一次测试。他们也没有新的发现。但是他们第二次测试时发现，“圣潭”不仅排斥人类，甚至排斥任何物体。仪器不能沉入水中，潜水员也无法潜入水中，一名军官把戒指扔在水中，戒指也漂浮在水面上。

由于它的神秘，不少人曾提议将帕尔斯奇湖辟为旅游地区，以吸引更多的游客前来猎奇。

# 沸腾的泉水

冰岛间歇泉随处可见，最大的间歇泉位于岛的西南部，其中最有名的要数斯丘古泉。斯丘古泉雾气萦绕的宁静水面，每隔一段时间，大约 4～10 分钟，便会失去平静变成沸腾的大锅，猛烈喷出一道高高的水柱，场面十分壮观，吸引大批游客前来一睹盛况。

## 斯丘古泉奇观

斯丘古泉的中文翻译为“翻滚的泉水”。斯丘古泉像受人控制一样，每隔一段时间，便向空中喷出一道高达 22 米的沸腾水柱。几秒钟后，古泉中响起一阵蒸气嘶鸣声，喷泉便停歇下来，水面重新归入平静，上面笼罩着一层蒸气。不久水面又开始起伏，预示另一次喷发快要来临了，然后水面起伏加快，中间鼓起并冒出气泡，跟着一阵轰鸣，气泡突然爆裂，水柱再次喷出。

斯丘古泉位于冰岛的地热区，在“无烟城”雷克雅未克以东 80 千米处。这个地区有许多热水蒸气池和热泥浆池。大喷泉也在这里，此泉是喷发力最强的间歇泉，享有很高的知名度。

大喷泉泉水喷发力极强，泉水喷射高度曾达到过 70 米。1810 年时，此泉每隔半小时喷射一次；5 年之后，泉水喷射间隔的时间延长到 6 小时；到 1916 年，喷射完全停止；1953 年，大喷泉又恢复每半小时喷射一次。

如今，大喷泉又“神经兮兮”地归于沉寂。有时技术人员

为了向参观者展示壮观场面，会把大量皂液灌进泉里，提高泉水密度，好像给泉眼加上盖子，使蒸气不能散发，然后抽掉部分皂液，降低压力，泉水随即就喷射出来了。

## 喷泉形成的原因

冰岛位于中大西洋海岭上，正好处在两块巨大地壳板块分离之处。这里地壳薄弱，地下的熔岩涌上来，加热了地下水，形成间歇泉喷出来。

温泉和热泥浆池往往位于熔岩接近地表的地方，且靠近地下含水层，惠特河谷就是这样的地方。熔岩把含水层和其中的地下水一起加热。热水若不受阻碍，就会升到地表，形成沸腾的温泉或热泥浆池。然而，如果有一部分水困在含水岩石的孔隙被加热到更高的温度，就会形成间歇泉。起初，水因受压而不能沸腾，随着热度升到超过正常沸点6℃时，泉水开始沸腾。蒸气压力越来越强，令泉眼上的水冒泡鼓起，这样减低了里面的压力，诱发更多的水沸腾起来。

最后，过热的蒸气把热水柱喷射出来，就像从大炮中射出一样。接着水又开始在受热的岩石孔隙中积聚，整个爆发过程又一次开始了。

# 水井之谜

一口普普通通的水井本来平凡无奇，然而它却莫名其妙地与两桩命案联系在一起。而这之后引出的一连串连科学家都无法解释的谜团，更令它笼罩了一层神秘的面纱。那么这口看似普通的水井到底隐藏着什么秘密呢？这一切就是奇异的水井之谜。

1930年，瑞士日内瓦的郊区，加尔吉镇发生了一件杀人毁尸案。一对夫妻吵架后，丈夫基伦残忍地勒死了和他共同生活了10年的妻子凯瑟琳，然后把尸体抛弃在后院的井里。基伦杀死了自己的妻子后，终日忧心忡忡，最终患上了神经衰弱症。1932年冬天，基伦在喝了酒以后，到警察局自首。警察展开调查，到他所说的水井中去打捞。可那里不但没有凯瑟琳的尸体，就连衣服的碎布都没有发现。

但自此以后基伦却疯了，他后来被收容在精神病院里。

基伦投案三个月后的一天，流经日内瓦市的罗尼河西岸边漂来了一具女人的尸体。经过调查，警方确认那是凯瑟琳的尸体。验尸的医生断定这具尸体的死亡时间大约在24小时至30小时之间，但是从她身上的穿着看，却是早已过时的衣服。

这则消息轰动了整个城市。基伦闻讯后，在一天夜里，从医院中溜出来，一回到家就投井自杀了。

同样的，警方在井里也没有发现基伦的尸体。事隔半年，基伦的尸体被发现于罗尼河上。出现的地点跟发现凯瑟琳的地方不同，是在基伦的家到罗尼河距离5千米远的地方。

和凯瑟琳的尸体一样，基伦

的尸体完好无损，没有腐烂，像刚刚断气不久的样子。地质学家们经勘查后认为：基伦家的水井底是柔软的沙子，可能是基伦的尸体被沙土吸了进去，经过半年以后，流动到罗尼河底的。

那么，凯瑟琳的尸体为什么要费时两年才被发现？而且，医生还断定死期是在被发现的前一天呢？尸体长时间被浸泡在水里，为什么不腐烂呢？这一直都是一个谜！

# 沙地吃人之谜

当你立于沙地之上时，你可曾想到脚下这片看似平淡无奇的沙地很可能暗藏杀机？在莱茵河上游一条马路边的一块空地就是这样，它会在瞬间吞噬生命，甚至重型卡车也会被瞬间吞没。这绝不是危言耸听，而是真实的事件。读过下面这则故事，你会知道世界之大无奇不有。

沙地能“吃人”，不仅“吃人”，它还能一口吞下10吨重的物体呢！对于这一奇异的自然现象，你不得不信，因为它确确实实地发生过。1959年5月17日，在莱茵河上游的一条乡下路上，一辆载有10吨重货的重型卡车在急速行驶着。司机哈因利吉在这风和日丽的天气下行车，稍稍感到有几分困意。哈因利吉决定还是休息一下再走。于是他把方向盘一转，车子开进马路边的一块空地上去。车子驶进去的刹那，发出了“喀喀”两声响，便不动了。哈因利吉感到特别奇怪，引擎并没有停止，车轮也还在旋转，车子在坚固的沙地上没有理由不动。于是，哈因利吉把油门踩到底，再按点火栓，车子依旧“无动于衷”。再看外面，奇怪，车子已陷入地里了。他想打开门跑出来，但车门的下半部已经在地下动不了了。他几乎不能相信自己的眼睛，但是眼前发生的事实让他不得不信了。此时哈因利吉灵机一动，把窗子打破，爬上卡车顶部，往下一看，车身的2/3已经陷入沙地里边，而且还在继续下沉，发出“咯吱、咯吱”犹如人在吃东西时发出的声音。沙地仿佛变成了一

只凶猛的动物，将一辆载有 10 吨重货物的车恶狠狠地吞了进去。哈因利吉使出浑身解数跳下车。但刚一跳下去，两脚就陷入沙地之中不能自拔，犹如陷入泥淖一样。哈因利吉慌乱极了，他拼命挣扎，所幸拉住一块硬地的草丛，死死地抓住它才爬了上来。

哈因利吉侥幸得救了，但是回头一看，那辆 10 多吨重的大卡车却被深深地埋到地下，完全不见了。这片神秘的沙地胃口竟然如此之大！它到底拥有什么秘密呢？到目前为止，有关专家还无法搞清楚原因何在。

# 火山口上的冰川

既有冰川，又有火山这种地方似乎只有在小说中才会出现，但在现实世界中的确有这样神奇的地方。冰岛这个美丽的国度便将火山与冰川这两种本不相容的地貌和谐地融在一起，创造出梦幻般的仙境，令人不得不感叹大自然神奇的创造力。

在冰岛的巨大冰原瓦特那冰川上，冰块的体积几乎相当于整个欧洲其他冰川的总和，面积差不多是威尔士或美国新泽西州的一半，其平滑的冠部更是伸展出了许多条巨大的冰舌。

但这片冰封的荒地，正随着时缓时急的火山脉搏不断扩展、收缩和搏动着。

## 冰岛风光

冰岛的面积与爱尔兰岛差不多，但人口却还不如爱尔兰的一个中型市镇。冰岛居民主要散居在狭长的海岸线附近。从地质学来说，冰岛是新近形成的，并且这个过程仍在继续。它屹立在 6 400 千米厚的玄武岩上。在过去 2 000 万年里，大陆漂移使欧洲及北美洲慢慢背向移动，使大西洋海岭产生巨大的裂缝，玄武岩就是从这个“裂点”涌出来的。

当年维京人刚到冰岛时（学术认定是在公元 874 年），土地适宜农作物的种植。可从 500 年后的 14 世纪开始，冰岛气候大变，冰川侵入，海上的冰块激增。虽然 19 世纪后期气候有所好转，但有 1/10的土地仍被冰川所覆盖，农作物种植受到限制。

冰川每年以大约 800 米的速度流入较温暖的山谷中；当它在

崎岖的岩床上滚动时裂开形成冰隙。冰块到达山谷时逐渐融化消失，留下冰川从山上刮削下来的岩石和沙砾。

冰岛有一句谚语："冰川带走了什么，就归还什么。"1927年，一位邮差在横渡布雷达梅尔克冰川上的一座雪桥时，同四匹马一起坠入了深深的冰隙里。7个月后，人和动物的尸体露出了冰面，这是怎么回事呢？原来是冰川上冰块的环形活动把上层的冰块卷到下面，又把下层翻卷上来。就这样，尸体被卷回了顶层。

# 魔鬼的脚印

魔鬼似乎只有在神话故事中才会出现，在现实生活中几乎没有人见到过。1855年，在英国一处大雪覆盖的大地上出现了一行奇怪的脚印，它既不属于人类，又不属于动物，人们似乎只能用魔鬼的脚印才能解释这一奇异的现象，然而真相真的如此吗？

西方的魔鬼多是有两条蹄形的脚

## 神秘的脚印

在1855年2月9日晚的一场大雪后，英国的伊斯河结了厚冰，雪停后，一道神秘的脚印出现在雪地上。

脚印长10厘米，宽1.5厘米，每只脚印相距20厘米。脚印形状完全相同，非常整齐，看过的人都说，那绝对不是鹿、牛等四脚动物的脚印。

而且奇怪的是，那些脚印从托尼斯教区花园出现，走过平原，走过田野，翻上屋顶，越过草堆，一直往前，似乎什么都阻止不了它。

人们看到了这些脚印议论纷纷，当地报社收到许多读者来信，报纸报导了这一消息并刊出了脚印照片，还有人带着猎狗去追踪。但当猎狗靠近树林时无论主人如何命令，它也不肯进入树林，只是对着树林狂叫不止。村民担心是猛兽，于是大家拿着武器四处找寻，结果一无所获。

当地教堂的神父表示，留下这种脚印的只能是魔鬼。因为只有魔鬼才是有蹄子而又能用双腿直立行走的。科学家当然不相信什么魔鬼，可到底是什么东西留下来的脚印呢？这至今仍是一个不解之谜。

# 通古斯大爆炸之谜

发生在通古斯的大爆炸，留下了许多疑点而让后人众说纷纭。到底是陨石撞击了地球，还是一场热核爆炸，抑或是其他一些反常的自然现象导致了这次大爆炸，人们至今没能找到一个合理的答案。

## 神秘大爆炸

通古斯大爆炸是根据事发地附近的通古斯河而命名的。1908 年 6 月 30 日早晨，印度洋上空一个强度相当于广岛核爆炸数百倍的火球划过天空以风驰电掣般的速度向着遥远的地球北方冲去。不久后，一声震天撼地的巨响从西伯利亚中部的通古斯地区传来，巨大的蘑菇云腾空而起，直冲到 19.31 千米的高空，天空出现了强烈的白光，气温瞬间灼热烤人，灼热的气浪此起彼伏地席卷着整个浩瀚的泰加森林，近 2 072 平方千米的土地被烧焦。有人被巨大的声响震聋了耳朵。人畜死伤无数。英国伦敦的许多电灯骤然熄灭，一片黑暗；欧洲许多国家的人们在夜空中看到了白昼般的闪光；甚至远在大洋彼岸的美国，人们也感觉到大地在抖动……现在科学家认为是一颗彗星或者小行星的残片引发了历史上有名的“通古斯大爆炸”。

通古斯大爆炸发生在北纬 60.55 度、东经 101.57 度，靠近通古斯河附近。具体时间为早上 7 点 17 分，后来经估计，这次爆炸的破坏力相当于 100 万吨 ~150 万吨 TNT 炸药，可让超过 2 150 平方公里内的 6 000 万棵树倒下。专家推测说，如果这一物体再迟几小时撞击地球，那么此次爆炸很有可能发生在人口密集的欧洲，而不是人口稀少的通古斯地区，那样所造成的人员伤亡和损失将不堪想象。

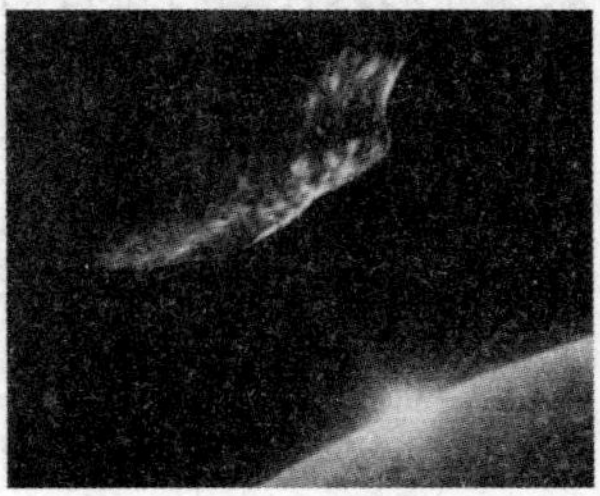

这次神秘大爆炸的威力巨大，以至于因爆

炸而产生的地震，波及到美国的华盛顿、印度尼西亚的爪哇岛等地。同时，它那强大的冲击波横渡北海，使英国气象中心监测到大气压持续20分钟左右的上下剧烈波动。爆炸过后，西伯利亚的北欧上空布满了罕见的光华闪烁的银云，每当日落后，夜空便发出万道霞光，有如白昼。

一百多年来，科学家们一直没有停止对此事的调查，究竟是什么东西引起如此巨大的爆炸呢？这一问题深深吸引着天文学、地球学、气象学、地震学和化学等领域的科学家。

当地的通古斯人认为，此次大爆炸是上帝对他们的惩罚，一提起这场爆炸，他们便显得忐忑不安。

## 陨石引起爆炸

以苏联陨星专家库利克为首的科学考察队于1921年对通古斯地区进行了首次实地考察，他们宣称，爆炸是一次巨大的陨星撞击地球造成的。此次考察为科学地解释这一震惊世界的大爆炸奠定了基础。这一科学考察队一直未找到陨星坠落的深坑，也没有找到陨石，只发现了几十个平底浅坑。“陨星说”还只是当时的一种推测，并没有充足的证据。随后库利克又对此进行了两次考察，并且发现了许多奇怪的现象，他们发现，爆炸中心的树木并未全部倒下，只是树叶被烧焦；爆炸地区的树木生长速度加快；其年轮宽度由0.4毫米~2毫米增加到5毫米以上；爆炸地区的驯鹿都得了一种奇怪的皮肤病——癞皮病等等。

## 科学家说法不一

第二次世界大战后，由于人类首次领略了核爆炸的威力，有专家指出，通古斯爆炸有可能是核爆炸。那雷鸣般的爆炸声、冲天的火柱、蘑菇状的烔云，还有剧烈的地震、强大的冲击波和光辐射……这一系列的现象与通古斯大爆炸都极为相似。苏联科学家法斯特经过35年努力，拼出了爆炸区域内被毁树木的详解图，根据此图，科学家们推算出，造成爆炸的天体当时是自西向东飞行，在距地面6.44千米的高空爆炸损毁，就此，大爆炸的真实原因逐渐露出端倪。

随着科学的不断进步，综合了各国科学家收集的材料，美国人甚至用计算机模拟出了大爆炸的真空效果。德国科学家提出这是一场“反物质”爆炸；美国科学家爱施巴赫认为这是宇宙微型黑洞爆炸；有人推测是一次热核爆炸；还有人推测这是外星人造访地球时飞船失事的结果。相信这一世纪之谜将会随着科技的不断进步最终被彻底揭开。

# 通向大海的四万个台阶

爱尔兰海边的数万个石阶历经千百年来海浪的拍打、冲洗依然屹立不倒。这处令人赞叹的美景到底是人类的“鬼斧神工”，还是大自然创造的奇迹？又有谁知道，这些通向大海的台阶，它的尽头到底是美丽的天国还是可怕的地狱？

爱尔兰北部海岸的一个海角，数以万计的多角形桩柱呈蜂巢状拼在一起，构成一道独一无二的阶梯，直通到海中。火山熔岩慢慢冷却后究竟会变成什么模样，这是最壮观的实例。

按照爱尔兰流传的神话传说，爱尔兰巨人麦科尔砌筑了一条路，从他在爱尔兰北部安特里姆郡的家门穿过大西洋，到达他的死敌苏格兰巨人芬哥尔在赫布里底群岛的根据地。可敌人却狡猾地主动出击，从自己的斯塔法岛来到爱尔兰。麦科尔的妻子骗芬哥尔说熟睡中的麦科尔是她襁褓中的儿子。芬哥尔听了非常害怕，襁褓中的儿子已如此巨大，他的父亲一定更加巨大，于是惊惶地逃到海边一处安全的地方，并立即把走过的路拆毁，令砌道不能再次重复使用。

## 令人惊叹的奇观

虽然科学家不知道这个名叫贾恩茨考斯韦角的海角是怎样形成的，但因何会流传这样一个神话却不难想象。砌道的规模远非古代人类所能创造的。从高空俯视，它确实像沿着275千米长的海岸，由人工砌筑出来的道路，而且还往北延伸了150米，进入了大西洋。大部分的柱桩都高达6米，有些地方的柱桩还要高一倍多。构成这条路的柱桩数目更是骇人：有37 000多根玄武岩柱桩，全都是形状规则的多角形，大部分是六角形，还很紧密地拼合在一起，要插把刀子进去都很困难。

在麦科尔路的另一端，即距此120千米外，有一个斯塔法岛，四周全是40米高的悬崖环绕，如那条路一样，由笔直的玄武岩柱桩构成。在岛上，由英国博物学家班克斯爵士起名的芬哥尔洞深达60米，洞的顶、底和四壁全是黑色的玄武岩柱桩。

贾恩茨考斯韦角的柱桩可分作 3 组，成为 3 个天然平台，分别为大砌道、中砌道和小砌道。每组桩柱都被人起了古怪的名字，例如如愿椅、扇子、烟囱顶，以及名副其实的巨人风琴，因为这组柱桩高达 12 米，样子就像教堂里的风琴管。

## 自然创造的奇迹

贾恩茨考斯韦角于 1692 年由德里主教发现。在 18 世纪时虽然有几个人来过这里，但到 18 世纪末，它仍然鲜为人知。后来，德里主教委托都柏林学会和英国皇家学会的会员为此地绘制了一系列精确的素描和油画，才引起了科学界和世人对这批奇怪石头的注意。19 世纪到过这里的小说家萨克雷说，这些石头看来像很久以前的神仙故事，里面关着个很老很老的公主，还有妖龙守卫着。

撇开神话不谈，关于这条石道是怎样形成的，就有过多种解释。有人认为是石化了的竹林，或是海水中的矿物沉积所致。今天，大部分地质学家都认为它是缘自火山活动。约在5 000万年前，爱尔兰北部和苏格兰西部的火山开始活跃起来，地壳上不时出现火山爆发，涌出的熔岩流遍周围，深达 180 米。熔岩冷却后硬化，但在新的一轮火山爆发之后，另一层熔岩又覆盖在上面。熔岩覆盖在一片硬化的玄武岩层上，就冷却得很慢，收缩也会很均匀。熔岩的化学成分使冷却层的压力平均分布于中心点四周，因而把熔岩拉开，形成规则形状，通常为六角形。这个过程只需发生一次，基本形状确定下来后，六角形便会在整层重复形成。冷却过程遍及整片玄武岩，因而形成一连串的六角形柱桩。在首先冷却的一层，石头收缩，裂成规则的棱形，就像干涸河床上泥土龟裂一样。当冷却和收缩持续时，表面的裂缝向下伸展，直到整片熔岩把石头分裂成直立的柱桩。千万年以来，海洋侵蚀坚硬的玄武岩柱，造成今天柱桩高低不一。冷却的速度亦对石柱的颜色有影响。石内的热能渐渐散失后，石头便氧化，颜色由红转褐，再转为灰色，最后成为黑色。

这条石道给世世代代的艺术家和作家带来不少创作灵感，其中最具代表性的要数 19 世纪的浪漫派艺术家。曾经有一位艺术家描述这条砌道说：“造化的祭台与殿宇，其对称与典雅的外形，以及壮丽雄伟的气势，是造化才能成就之作。”

# 卡什库拉克山洞之谜

俄罗斯的一位科学家在西伯利亚地区卡什库拉克的神秘洞穴考察时，曾神奇地遇见过一位巫师，之后前去探险的学者，在洞内发现一股固定的低频脉冲定时出现。山洞中究竟藏有何种物质至今仍是个谜。

1985年，俄罗斯专家对位于俄罗斯的西伯利亚地区的神秘洞穴——卡什库拉克山洞进行了考察。考察结束后，几位前来考察的专家准备返回地面，在系好防护绳向上攀登时队伍最末端的巴库林回头看了一眼山洞。他竟然看到了一个巫师打扮的中年人。那个人不断向巴库林招手，似乎是让巴库林跟着他走。巴库林出于本能地想快点离开这里，可自己的腿却始终无法移动，最后他只好大声向洞外的队友求救。经过大家的努力，巴库林终于摆脱了洞穴中那神秘的“诱惑”，安全地返回了地面。

## 大胆的猜想

卡什库拉克山洞的外貌并不独特，与周围大大小小几百个洞穴差不了多少，可是一旦当人们进入洞穴后，便会有一种毛骨悚然的感觉，并且觉得腿开始不听使唤了。可回到地面后又说不清楚究竟是什么使自己如此害怕。对于这种现象可谓是众说纷纭，有人认为在山洞中可能存在某种化学物质，这种物质可以使身处黑暗中的人造成了各种压力和幻觉；还有人认为这种现象可能和全息照相术有关。在某些特定的时间和物理条件下，山洞的岩壁能将以前记录下的某些信息再次显现出来，就像投影仪工作一样。其实，许多探险者都曾经历过类似巴库林的遭遇。

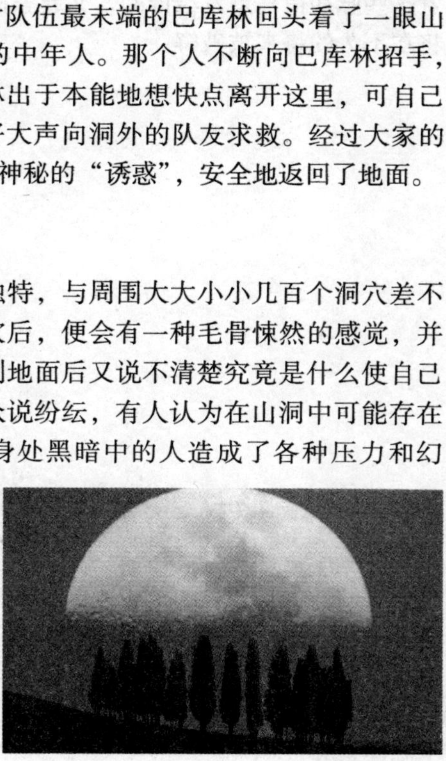

## 神秘的脉冲

为了弄清楚造成这一现象的真正原因，部分专家学者决定对卡什库拉克洞穴进行更加系统的考察。当专家们来到山洞深处时，突然发现随身携带的磁力仪上的数字开始不停闪烁。经过专家的测试发现，洞穴中存在许多信号，在这些信号里有一股固定的低频脉冲信号每隔一段时间便会出现一次。而这种脉冲信号发生时，人大脑就会感到非常压抑并惊慌失措。专家认为，有可能就是这种低频脉冲信号造成人们心理和生理上的紧张。那么，这种脉冲信号是从哪里来的呢？大家察看了整个山洞也没有发现信号的出处。究竟这些脉冲信号是发给谁的，又起怎样的作用呢？人们相信，这些谜团将在不久的将来被破解。

# 南、北美洲

美丽的亚美利加州曾是印第安人赖以生存的家园。它有着许多至今尚无法破解的秘密。橡树岛是否真的藏有珍宝，是谁在火山口上留下足迹?

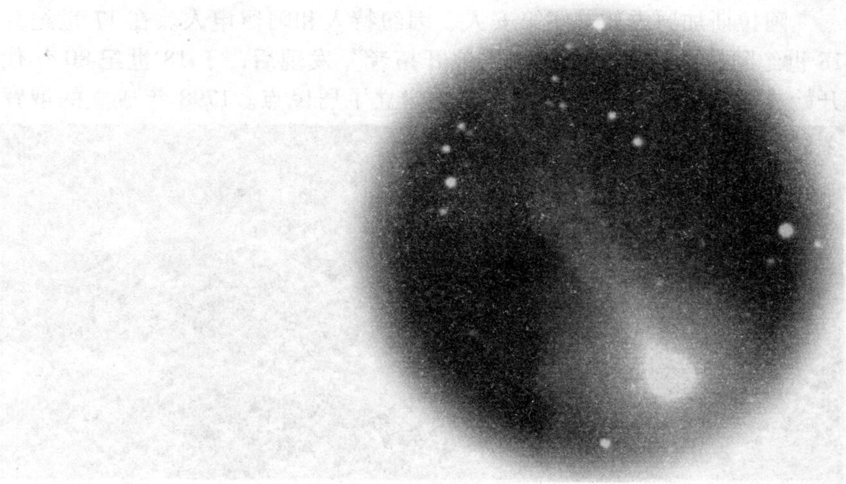

# 沙俄卖掉阿拉斯加之谜

人们无法想象如果阿拉斯加仍是苏联的领土，世界的形势到底会怎样；人们无法确定如果苏联在这里布置核部队，核大战是否会开启。当然，如今人们无须为此担心，因为这片土地早已被交易，但交易背后又隐藏着怎样的秘密呢？这一切都有待人们的探索。

## 富饶的阿拉斯加

美国的版图上，有一块面积约为151.9万平方千米的领土在美国的本土之外，并且中间隔着加拿大。这就是占美国领土面积1/6的阿拉斯加。

北美洲西北部的阿拉斯加气候寒冷，经济以渔业和采矿为主，有丰富的金、铂、银、煤等矿产资源，是美国面积最大的州，美国最大的油田也在此地。

阿拉斯加原先住着印第安人、因纽特人和阿留申人。在17世纪～18世纪阿拉斯加被俄国的“土地开拓者”发现后，于18世纪80年代开始成为沙俄的控制地，并且在此建立了居民点。1798年成立的俄罗

斯美洲公司，独家经营渔猎场并开采矿物。1867 年沙皇政府将阿拉斯加卖给美国。1884 年以前属美国军事管辖区，以后为美国的一个地区。1959 年阿拉斯加成为美国的第 49 个州。

美国于 1776 年正式建国，此后一直扩张领土。1803 年从法国购得西路易斯安娜，1819 年迫使西班牙让出佛罗里达，1845 年～1853 年侵占墨西哥多块领土，1898 年吞并夏威夷……而最重要的事件是从沙俄手中购买了阿拉斯加。

阿拉斯加是块宝地，它有北美最高峰——海拔 6 193 米的麦金利山。阿拉斯加湾在阿拉斯加半岛和温哥华之间，湾口宽 2 200 千米，深达 5 659 米，还有卫护海湾的弧形屏障阿留申群岛。阿拉斯加面积的 1/3位于北极圈内，因此该地区气候寒冷，除南部沿岸外，年平均温度在 0℃以下。可这块“不毛之地”却拥有石油、金、铜、铂、银等丰富的地下宝藏。尤其是北极地区的滨海凹陷地带为石炭纪以及三叠纪和白垩纪地层，蕴藏着丰富的石油和天然气。此外，太平洋东北部暖流使其南部沿海峡湾岛屿成为世界著名渔场，并盛产鲑鱼和大比目鱼。

## 蓄谋已久的交易

俄罗斯美洲公司早就已经认识到阿拉斯加的巨大价值，于是陆续开采煤矿、金矿，但由于其财力并不充足，因此阿拉斯加未得到充分开发。俄国社会普遍认为，只要俄政府取消俄罗斯美洲公司对阿拉斯加的垄断，对俄国私人资本及企业家开放，共同开发阿拉斯加，肯定是大有前途的。

可是，这片财富之地为什么又落入美国人手中呢？美国人究竟用了什么手段得到了阿拉斯加？

1854 年，一位名叫桑德斯的美国商人来到彼得堡，他自称来此办理商务，却私下里拜会了担任俄廷重臣的沙皇的弟弟康斯坦丁·尼古拉耶维奇大公，两人密谈良久……

1857 年 3 月，沙俄新上任的外务大臣亚·戈尔恰科夫公爵收到尼古拉耶维奇大公的信，建议出卖阿拉斯加。戈尔恰科夫公爵不赞成出卖阿拉斯加，但也不能得罪大公，只好把此事报告沙皇。没想到沙皇竟对此极有兴趣，御笔批示：“此议值得考虑。”

外务大臣并不敢公开反对，只是采取拖延的办法。几番考虑后，戈尔恰科夫建议沙皇将此事搁置一边，先让驻美公使斯捷克利男爵打探一下美国的真正意图后再作决定。于是，1857 年 4 月 29 日，沙皇对此事给予简单批示：一、此事再议；二、卖价可以大幅度降低。

戈尔恰科夫想尽办法把此事压了 10 年，而在此期间刚好碰上美国发生 1861 年 ~ 1865 年的内战。在这 10 年里密谋集团并未偃旗息鼓，尼古拉耶维奇大公这个密谋集团的主将，除经常在皇上耳边吹风外，他还把财务大臣赖滕拉入圈内。而斯捷克利男爵作为驻美公使，同时也是该集团的主将，已为出卖领土奔走于俄美之间将近 10 年时间，更可耻的是他还准备了使本国受辱的条约拟稿。密谋集团开始分头行动：大公负责打通外务部，重新向外务大臣提出这个问题；财务大臣以金融危机来逼压沙皇，建议向西方贷款；驻美公使则加紧同美国政府磋商。

1866 年 9 月，财务大臣赖滕给沙皇呈上一份报告，声称近两三年来债台高筑，国库空虚，为偿清外债必须尽快筹集 450 万卢布，可在国内无法筹到这笔钱，办法只有一个：用新的国际贷款偿清旧债。他将问题丢给沙皇，意即沙皇的态度将决定俄国能否得到贷款，如果出卖阿拉斯加，贷款可以延期偿还。

1866 年 10 月，斯捷克利男爵由华盛顿返回彼得堡，密谋集团在大公府邸聚会，作出两项决定：一、出卖阿拉斯加要价 500 万美元；二、继续向外务大臣施压，争取尽快突破。

密谋集团的全体成员在 1866 年 12 月 16 日中午打着“日祷”活动的旗号聚集到外务大臣家中，沙皇也参加了这次活动，他表明观点，同意向美国出卖阿拉斯加。尽管没有正式记载，但亚历山大二世的日记中却提到了此事：“下午 13 时，戈尔恰科夫公爵就美洲公司之事举行了会议，决定卖给美国。”

沙皇的日记表明出卖阿拉斯加已成定局，可此时俄罗斯大臣会议和国务会议对此却一无所知。密谋集团避开外务部，指定斯捷克利男爵全权负责谈判和签约。然而，作为全权代表的这位公使先生手上竟没有任何政府的书面指示或授权书，只是财务大臣叮嘱了一句：“要 500 万美元。”

男爵同美国的谈判是一场不

折不扣的卖国丑剧。条约正文是由美方口授笔录的。七项条款中有五项讲的是美方的权利，即签约后美国政府应得到什么。其余两项是有关付款问题，但对付款过程中违约的责任和惩罚却只字未提。

## 交易背后的秘密

美国人对阿拉斯加的经济前景和政治军事价值非常看好，可是苦于内战刚刚结束，囊中羞涩。而此时，出现了一位替美国政府买单的人。在准备签约的过程中，闪现出一个美国人的名字：奥古斯特·别利蒙特。别利蒙特在23岁时就在美国崭露头角，此前这位前途无量的年轻人已经是洛希尔银行法兰克福分行的主管，后来他在纽约为洛希尔财团收购了一家银行，并担任其主管。此后，他担任了美国总统的经济顾问，同时也是政府债权人。洛希尔财团的真正意图就是想以美国政府的名义，自己出钱购买阿拉斯加。

1867年3月，俄美双方“谈判”已接近尾声，不久即可正式签约。然而，不知为何，美方代表国务秘书休阿尔德却主动修改了条约的第六款，原定价的500万美元竟变成了720万美元。斯捷克利男爵欣喜若狂，立即报告沙俄政府。外务大臣戈尔恰科夫于1867年3月26日发给男爵一份密电：“皇上准予以700万美元之价出售并签约……尽量争取近期收到钱，如果可能，把钱款转入伦敦巴林银行。”

1867年3月29日深夜至次日凌晨，美国国务秘书休阿尔德和俄驻美公使斯捷克利在条约上正式签字。条约一签订，美方未等国会批准拨款就轻而易举地得到了阿拉斯加。美国国务秘书企图从这场财务交易当中捞取一笔，所以反对在伦敦付款。他知道，伦敦的巴林银行有沙皇罗曼诺夫家族的私人账户，而俄罗斯国库的钱是存在英格兰银行的。

俄方代表斯捷克利吹嘘自己在谈判中成功地讨价，才使阿拉斯加卖了个高价，但彼得堡不认同此说，沙皇只奖他2.5万银卢布和一枚勋章。斯捷克利显然并没有对地价的增值起什么作用。美国侦探拉尔夫·埃佩尔松对此事进行长期调查研究后认为：“在美国内战期间，沙俄为救援美国政府曾派出舰队赴美国海域。沙皇同林肯可能有过秘密协议，美国应为俄舰队支付费用。但继任总统约翰逊没有宪法授权，不能支付这笔费用，而舰队的费用又高达720万美元。因此，约翰逊通过国务秘书威廉·休阿尔德谈妥了向俄国收购阿拉斯加的事。但购买只是一种手段，是为动用俄国舰队而向沙俄付清军费的一种手段，而俄国舰队的行动在当时确实使美国避免了同英、法之间的一场恶战。”

如果说美国给出720万美元只是为了支付俄国应得的军费，那么阿拉斯加则只是一个一文不值的赠品。1990年美国西雅图附近的塔科玛市举办了一个展览，名叫“沙俄的美洲”。其中曾展示过一张美国政府收购阿拉斯加后，俄国给出的收据。

收据上收款人是爱德华·斯捷克利，他全权负责了此事。正是他违背了美方支付金币的规定，毫无异议地收下720万“格林别克”纸币的支票，而非条约上规定的720万美元。“格林别克”是美国在南北战争时发行的绿背纸币。它的市面价值大大低于金币。美国支付的“格林别克”支票实际只值540万美元。男爵的“疏忽”和“宽容”使俄国损失了180万美元。美国赚取了差额，当然，俄国外交代表的好处也是少不了的。

1868年8月，男爵交给俄罗斯国库一张“720万美元全部收讫”的凭据，并称钱已转入纽约某银行，可据该银行向美国国会作证时确认汇入银行的钱只有703.5万美元。不用说，缺少的16.5万美元已装进了外交代表的腰包。

这16.5万美元成了外交代表的囊中物，而男爵最终命运又如何呢？1869年5月他在写给外交部一位友人的信中说，他希望得到两年的休假，其语气恐惧而忧伤。斯捷克利男爵赚取了国家的好处，但是下场又是如何？他最终去了哪里，也无人知晓。

# 陨石坑之谜

我们生存的这个蔚蓝色的星球，仅仅是浩瀚宇宙中的一粒微尘。在亿万年的时光里，总会有许多不明天体与地球不期而遇。这些不速之客留下的痕迹为人们的研究提供了丰富的资料，而巴林杰陨石坑却给人们留下了许多未解之谜。

美国亚利桑那州弗拉格斯塔夫市附近的巴林杰陨石坑（又称流星陨石坑）是由一颗小行星撞击地球后形成的。这个被撞出来的陨石坑直径 1 264 米、深 174 米，猛烈的撞击使坑周边隆起，高出周围沙漠达四十多米。

## 陨石坑之谜

这个陨石坑是由约 5 万年前的一颗铁质流星撞击形成的。根据陨石坑的大小推算，这颗流星可能重达 90 万吨，直径 100 米。在遇到地球大气层阻力时，大多数流星会燃烧或粉碎。科学家们认为，这颗如此巨大的流星，以飞快的运行速度撞击地面发生爆炸，其能量相当于 1945 年投到日本广岛的原子弹的 40 倍。

当 1871 年人们发现这片洼地时，都以为它是塌陷的火山口。1890 年，有人在此地的岩屑中发现了碎铁。于是，一些科学家开始怀疑那可能是外太空物体撞击地球所留下的痕迹，而不是什么火山口。

最初人们不理解为什么在巴林杰陨石坑看不到陨石本身。这个大陨石给人们留下了一个大坑

和几块陨石铁片后，为什么消失得无影无踪了？有人估计陨石就落在坑下几百米的地方，可是谁也没能把它挖出来加以证实。后来科学家们推测，这块巨石在落地时已被击成碎片了。费城一位采矿工程师巴林杰博士对于坑内埋有富含铁质的巨大陨石深信不疑，于是他把那块土地买了下来，并于1906年着手钻探。经过勘察，他发现坑口东南面的岩层比其他方位的岩层高出30米，由此他断定，陨石从北面掉落，以低角度撞击地面，留在坑口的东南部地下。于是，钻探工作如期展开。但1929年，钻探工作由于某种原因被迫停止了。

在20世纪60年代，人们在坑里发现了柯石英和超石英。这两种物质是在极大的压力和极高的温度下才能被制造出来的。在坑内能够找到这两种物质，足以证明坑口是由巨大撞击力造成的。现在人们以巴林杰的名字来命名这个陨石坑，以纪念巴林杰博士。

# 石彩虹之谜

雷雨过后，天空中的道道彩虹异常美丽，但有谁会相信，坚硬的石头也可以创造出同样的绚丽。是造物主的恩赐，还是大自然的神来之笔？壮丽的石彩虹不仅带给人们美的享受，同时，也给人们留下了许多待解之谜。石彩虹的背后究竟隐藏着什么秘密呢？

在美国犹他州南部，派尤特印第安人和纳瓦霍印第安人有许多神话流传，这之中就有一个“石彩虹”的故事。“石彩虹”是派尤特印第安神话和纳瓦霍印第安神话的中心，是纳瓦霍印第安人的圣地，也是世界一大奇观。那是一座美丽的石拱，形状和颜色都酷似天上的彩虹，到那里的唯一通路隐蔽在狭窄的峡谷中，艰险难寻，所以知道“石彩虹”的印第安人很少。

## 天然奇景

1909 年有三名白人听到了这个传说，他们雇了两名印第安向导，走过美国境内最苍凉的荒野，一心想要看看这个天然奇观。当他们终于看见彩虹桥的时候，他们都惊呆了。这座天然石桥，从形状到颜色都和真正的彩虹十分相似。万里无云的蓝天下，粉红色砂岩透着淡淡的暗紫色，午后则点染成赤褐和金棕色。他们看见的是天然石拱中最大最完整的一座，硕大雄伟，造型美观，桥底至桥顶高 88 米，桥长 94 米，跨越宽 85 米的峡谷，几乎等于四个网球场的总长度。桥身厚 13 米、宽 10 米，完全可以双线行车。罗斯福总统曾对此赞叹不已，称之为世界最壮观的天然奇景。

泥沙和强风是最好的工匠。彩虹桥本来是突出悬崖的石嘴，桥横架于石桥河之上。每到雨季，猛涨的河水带来大量的泥沙，刮擦石嘴基部。时间久了，石嘴基部就被掏空，从而形成了桥孔，留下高架半空的优美石桥。强风侵蚀，把石桥“打磨”得表面光滑，线条流畅。

## 国家名胜

1910 年，彩虹桥被美国政府列为国家名胜。1964 年格伦峡谷堤坝落成，拦截河水，鲍威尔湖由此而生，科罗拉多河水面因此升高，原来难以穿越的通路如今变为易于通航的水路，游人参观彩虹桥可以乘船前往。

犹他州还有许多同类的砂岩石拱，单在位于彩虹桥以北 300 千米处的石拱国家公园里，就有 200 多座。其中的“景观拱”全长 89 米，为世界最长的天然大桥。“景观拱”很脆弱，其中一段仅厚 1.8 米，距峡谷底平均约 30 米。

在见到石拱国家公园真面目时，人们常用“视觉冲击力”这个词来形容那一瞬间带给自己的视觉震撼，在阳光的照耀下，那一座座耀眼的奇形怪状的火红色的石山石林让人目不暇接，惊叹不已。大自然的鬼斧神工造成的那些千奇百怪的石块带给人们无限想象的空间，你刚刚在这里赞叹这座红石山形态的奇妙，一会儿你就又会不由自主地赞叹另一石块造型的惟妙惟肖。毫不夸张地说，每个来到这里的人都是走一路，看一路，赞一路，感叹一路，哪处景观也舍不得错过，它们实在是太美，太令人惊奇了！这里让人惊奇的还有那湛蓝的浩瀚天空，蓝得是那么洁净，那么清爽，没有一丝污染，几朵洁白的云朵飘浮在蓝天与火红的奇山异石之间，这种简单、洁净、宽广、神奇的美好景象有洗涤人的心灵的神奇魔力。

# 加拿大夏天遗失之谜

春、夏、秋、冬，四季轮回是再正常不过的自然现象，但有谁会想到 1816 年加拿大的夏天却突然莫名其妙地消失了，而这又间接影响了整个世界。在那样一个冷如初冬的夏季，人们惶恐不安、心惊胆战；而谁又会想到这一切仅仅是一座火山喷发造成的后果。

在加拿大南部和美国东北部，1815 年 ~ 1816 年的冬天与常年没有什么区别。春天按时到来，4 月，鸟从越冬地飞了回来，花朵也如期绽放。但到这个时候看起来还一切如常的这一年注定要被历史所记载，因为它是个夏季遗失的年份。

在这个地区，4 月份的寒冷是正常的。但到了 1816 年 5 月，每天早上依旧是寒霜覆盖着大地，就像冬天还没有过去一样，人们开始关注起来。但仍然没有人认为这一年会有什么特别之处。

6 月 5 日寒风席卷了这个地区，紧接着一场大雪使地上的积雪达 23 厘米 ~ 30 厘米。除了最耐寒的谷物和蔬菜活了下来之外，其他植物难以存活。古怪的气候持续到 8 月，早上的气温常常在 -1℃左右。有几天下午天气暖和，人们试着种下的庄稼，却都再次毁于冰雪严霜。9 月中旬，出现了一场严重的霜冻，冬天稍稍提前了，那是一个罕见的严冬。

1817 年春天和夏天按时到来，从那以后气候一直正常。然而，是什么导致了那一年此地没有夏季呢？经过多年的思考与研究，现在科学家已经推断出无夏季年的原因。事件发生在一年前

的荷属东印度群岛。1815年4月5日晚，位于松巴洼岛上的坦博拉火山爆发，这次猛烈的喷发甚至比68年后著名的克拉卡托火山喷发还强烈。坦博拉火山喷发将65立方千米的碎石抛到距3 962米高的火山口1.6千米以外的地方。喷发使几百千米以内的岛上落了0.3米厚的火山灰。细小的火山灰进入同温层，它要围绕地球转动几年。尘网效应挡住了阳光，从而使气温下降，尤其是在新英格兰和加拿大。

大气中的火山灰除了影响北美，还影响了世界其他地区。事实上这几乎是全球性的天气变冷。庄稼减产在西欧引起了饥荒，在瑞典人们被迫吃冰原上的苔藓和猫，法国发生了食品骚乱。如果这种反季节性的降温再持续几年，大陆冰层就会形成，地球就会进入新冰河期。

一些科学家预测这样寒冬般的夏天还会出现。在过去的几十年中，自然界的火山活动和人类的工业活动使大气中的灰尘不断增多。如果这种趋势再持续一个世纪，它可以产生与温室效应相反的效果——地球的温度将会急剧下降，冰河期将会重现。大难来临前，夏天会越来越凉，而冬天则会越来越热。

不可否认，人类的行为正在影响着气候，所以我们必须从现在开始善待环境，否则，等待我们的将是大自然无情的惩罚。

# 神秘的“太阳之家”——哈莱阿卡拉

火山是地下深处的高温岩浆及其有关的气体、碎屑从地壳中喷出而形成的。火山虽然会给人类生活带来灾难，但也会形成独特的火山景观，满足人们的猎奇心理。有“太阳之家”美誉的哈莱阿卡拉就是神奇的世界火山景观之一。

哈莱阿卡拉火山口位于夏威夷毛伊岛上，是夏威夷人心中“太阳升起的地方”。在深度、宽度上皆堪称巨大，再加上 3 055 米的海拔高度，使其成为世界上最大的休眠火山。然而赋予它传奇般魅力的原因并不止于此，它本身的独特景致，再加上夏威夷独有的浪漫与激情，总是令数不尽的探险者们慕名而来。

## 美丽的神话

哈莱阿卡拉火山栖身的毛伊岛在夏威夷岛西北 41 千米处，面积 1 886平方千米，在夏威夷群岛中面积排名第二。毛伊岛是以当地神话中一个叫作毛伊的神的名字命名的。在夏威夷当地的神话传说中，毛伊是一个半人半神的魔术师，但他最伟大的业绩还是征服太阳。

传说中的一天，太阳开始拒绝按照预定的路线行走，非要穿过天空疾行，这给人们的生活带来了很大的困扰。毛伊用姐姐的头发做成 16 根结实的绳子，用他那神奇的力量套住太阳。太阳牢牢地落入了毛伊的手中，为了保住自己的性命，太阳只得答应以后会慢慢地升起，温柔地越过天空，给人们的生存和繁荣提供充足的条件。从此，岛上的人们每天都可以享受到充足的阳光。

## 哈莱阿卡拉火山

哈莱阿卡拉火山最后一次喷发是在1790年，火山口深800米，其周长为34千米，大到足以容纳整个纽约曼哈顿岛。是无数次火山喷发和无数的风、雨、流水侵蚀作用的合力加宽和夷平了火山口，使它成了现在的样子。哈莱阿卡拉火山东部的山坡因火山口流出的熔岩流入河谷而布满坑谷，西部山坡则有小溪蜿蜒流过，通常被登山者作为登山的路径。

超过49平方千米的火山口底部有着不同的地理样貌，森林、草坪、沙漠，甚至还有一个湖泊。这样的差距主要是不规则的火山口形状导致的。火山口的东部边缘较低，携雨而来的信风从两道裂口中吹进，并在火山口底部积雨。站在火山口边缘上的人的影子可以在火山口北部上方的云团反映出这一奇观，就是由在火山口边缘向下旋转的云带来的。

哈莱阿卡拉火山在海拔1 828米~3 048米之间生存着地球上最珍奇罕见的植物，叫“Silver-sword”，可以按照字面意思翻译为“银剑”。银剑仅生长在火山给予的恶劣环境中。它的寿命是20年，从西瓜状的球形长到2.4米高，一生只开一次花。一株银剑能开几百朵紫红色的花，开花后银剑随即死去。这种植物曾经一度面临灭绝的危险，它是人类采摘的对象；是野山羊最喜爱吃的食物，但现在它已经被严密地保护起来。

当你看到哈莱阿卡拉火山，看到那巨大的、色彩斑斓却不乏质朴的火山口，你就会明白自己在自然面前是多么渺小。

# 神奇的石头森林

作为世界上最大、最绚丽的化石林集中地，园内五彩斑斓的化石树在阳光的照射下异彩纷呈。不管是“彩虹森林”还是“蓝色弥撒”，都让人感叹大自然的伟大。奇特的象形文字，各种花纹、图案，以及化石森林的形成、发现都如同迷雾一般……

美国的亚利桑那沙漠有一片神奇的森林遗迹：散落一地的亮如宝石的“圆木”其实并不是木头，它们是一些质地坚硬的石英结晶体。而它们之所以与树木如此相像，是因为它们原本就是真正的树木。

这片全球最大的石化森林，和世界上许多奇观一样，都是神奇的大自然的作品。

## 石头森林形成的原因

亚利桑那沙漠在大约2亿年前曾是一片广阔的平原，这里火山环立，中央低洼且多沼泽。南部丘陵和火山坡的低处，生长着一种巨型针叶树。这些针叶树中大部分的树干直径超过1.8米，高约30米，少数比这还要大1倍。石化森林中就有一些这样大的圆木，不过大都只剩残干断枝，很可能是在石化过程开始前或是在露出地表的过程中断裂的。

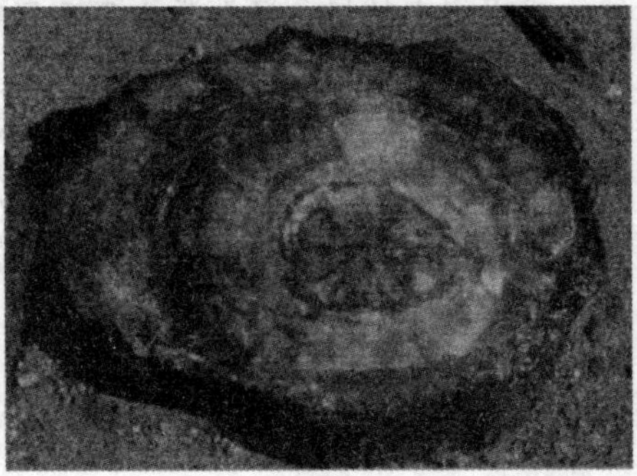

圆木因为结晶过程不同而呈现不同色彩。圆木中的完全由矽原子结晶所形成的大多是纯石英，若掺杂其他矿物，则形成亚宝石，如紫晶、玛瑙、碧玉、缟玛瑙、光玉髓等。无论结晶体的成分是什么，原来树木细胞的形状在结晶过程中都得以保留，因而能够

形成石质树木，深埋地下，最深的埋在地下300米处。

6 500万年前落基山脉的地壳活动，也使亚利桑那这部分土地抬升，于是，针叶林的晶体遗迹因地面的积水干涸而升高；掩盖石化树木的沉积物、页岩和砂岩，因风雨侵蚀而逐渐消失，石化森林便慢慢显露出来。派恩特印第安人认为它们是雷神的箭杆，而当地的纳瓦霍印第安人却认为它们是传说中巨人叶亚苏的遗骨。

## 其他景观

这个地区，除了那些石化圆木外，还有许多2亿年前的动植物化石。植物中比较普遍的是针叶树，此外为苏铁科植物，其叶子像蕨类，外形则像棕榈。恐龙化石包括貌如长吻鳄的植龙及形如犰狳的雕龙等。这里年平均降雨量仅230毫米，大多为短暂急剧的雷雨。一场骤雨可以冲掉25厘米厚的表土。随着表土的流失，显露出来的圆木化石逐渐增多。巨型爬虫动物雄踞地球时的遗迹，也呈现在人们眼前。

1962年起美国政府将这里辟为专门保护原始石林景致的国家公园——美国化石林国家公园。公园占地374.13平方千米，被誉为世界上最大的、最绚丽的化石林公园。公园中央贯穿有一条长45千米的公路，沿途共设有16个山间观景点，这些景点或侧重于富有印第安土著文化特色的岩石雕刻，或侧重于横穿彩色沙漠的狭长山谷的恢宏气势。当然，最吸引人的景色还要数由2.5亿年前的树木演化沉积而成的彩色硅化木岩石。

石化森林内有不少奇观，“玛瑙桥”便是其中之一，浑厚的木材变成了天然石桥。林内还有一座用晶化圆木建成的小屋——“玛瑙屋”，它有着悠久的历史，是著名的人工胜景。

# 宇宙来客之谜

20世纪中叶，硕大无比的纳斯卡巨画偶然被人们发现，这一发现轰动了整个考古学界，被誉为“世界奇迹”。但对于这些巨画是什么人创造的，以及怎么创造的，至今没有人能够回答。谜一般的巨画有待后人继续研究与探索。

## 巨型三叉戟

秘鲁利马南部的毕斯柯湾有一个红色岩壁，它高约250米，是人工建造的。岩壁上雕刻着一个看起来很像巨大的三叉戟的图案。三叉戟是用含有像花岗岩一样硬的石块雕成的，由于这种石块具有白磷光性，因此如果没有沙土的覆盖，它完全可以发出耀眼的光芒。目前大多数的考古学家都认为这个三叉戟图案是作为航空标志而设置的。

## 纳斯卡巨画

如果三叉戟图案确如考古学家们所推测的那样，那它绝不应孤立存在。果然，20世纪30年代，考古学家在距三叉戟图案约160千米外的纳斯卡荒原上，又发现了一些几何图案、动物雕绘以及排列整齐的石块，很像一座飞机场的平面图。这些神秘的图案遍布从巴尔帕的北边至纳斯卡南边约60千米的狭长地带。

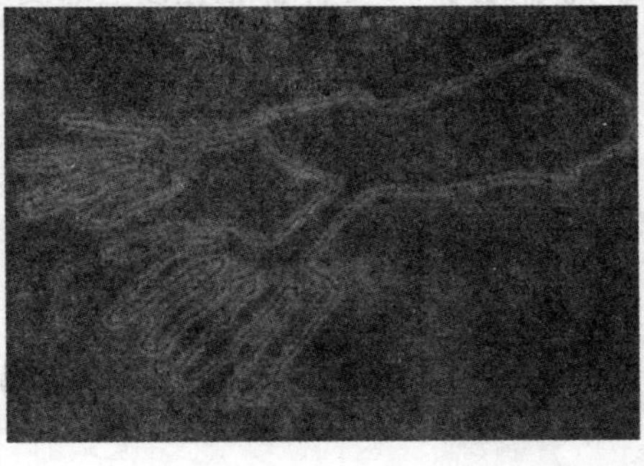

人们在这个荒原上空乘飞机飞行的时候，可以看到一些巨型动物的轮廓，其中有极长的鳄鱼、卷尾的猴子，甚至还有一些地球上从未见过的奇异动物。此外，还能发现许多闪闪发光的巨

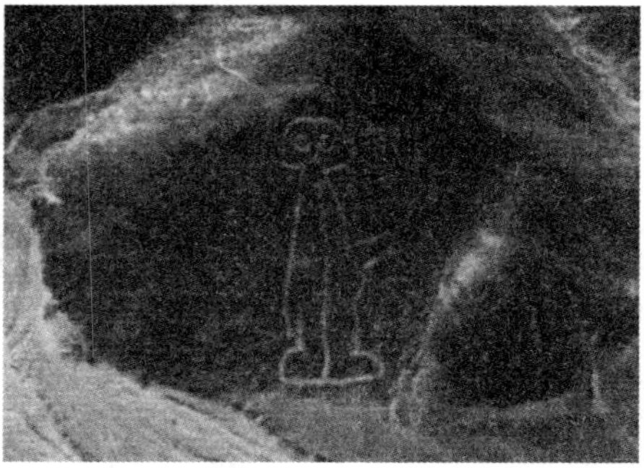

大线条。它们绵延几千米，有时交错，有时平行，有的构成半圆、三角形、长方形等几何图案，有的则构成巨大的不等边四边形，它们都是用明亮的石块镶嵌出来的。

## 猜测与传说

是谁制作了这些图案？制作者是如何准确定出线条的宽度和深度，使它们出现奇迹般的效应？为什么把它们绘制得如此巨大？数十年来，许多考古学家和好奇者一直在不断思考和探索。

按照当地的传说，很久之前有一群来历不明的外星人在纳斯卡荒原着陆，那些巨大的图标是他们设置的着陆标记和为他们的宇宙飞船搭建的临时机场，这群宇宙来客在完成了他们的使命后就回到自己的行星上去了。

考古学家们按照这个传说进行推测：如果将纳斯卡荒原视为登陆点，毕斯柯湾上的三叉戟图案视为登陆指示标，那么，在纳斯卡的南边就应该也有一些指示标才对。

果然，随后人们在距纳斯卡约 402 千米的玻利维亚英伦道镇的岩石上又发现了许多巨大的指示标。在智利的安陶法格斯坦省的山区和沙漠中也有发现。在罕见人迹的泰拉帕卡尔沙漠的山坡上，有一幅巨大的机器人图案。这幅机器人图案约有 70 米高，机器人有长方形的头颅，上面竖立着 12 根一样长的天线般的东西，从臀部到大腿间，有像超音速战斗机那种粗短的翅膀般的三角鳍连接在身体的两边。这幅图案距纳斯卡荒原大约 805 千米。根据以上的发现，考古学家们推测，这些图案也许真的与宇宙来客有关。

# 太阳门之谜

蒂亚瓦纳科古城在其被发现后便闻名于世，神秘的古城带给人们无数的谜。围绕古城科学界产生了一系列的争议。而太阳门作为古城的代表就更加神秘莫测了。到底太阳门是用作宗教用途，还是宇宙人建造的太空门呢？一切迷雾都有待后人破解。

## 遗址再现

蒂亚瓦纳科文化遗址位于的的喀喀湖以东约 21 千米、海拔 4 000 米高的层峦叠嶂的安第斯高原上。蒂亚瓦纳科文化遗址分布在长 1 000 米、宽 400 米的台地上，地处太平洋沿海通往内地的重要通道上。蒂亚瓦纳科文化最杰出的象征——太阳门位于其遗址的西北角。

毫不夸张地说，蒂亚瓦纳科文化在公元 5 世纪 ~10 世纪之间的影响遍及秘鲁全境。作为该文化代表的太阳门，高 3.05 米、宽 3.96 米，由一块完整的巨型岩石凿成。每年 9 月 21 日，黎明的第一束阳光总是从这石门的中间射向大地，因此得名“太阳门”。太阳门的中央有一个门洞。门楣中央刻有一个人形的浅浮雕，展现了一个深奥而复杂的神话世界。这块巨石在发现时已残碎，1908 年经过整修，已恢复旧观。

自 1548 年西班牙殖民主义者发现了这个被印加人称作蒂亚瓦纳科的小村落并向外界报道后，以精美的石造建筑为特征的蒂亚瓦纳科文化自此闻名于世。自那以后，围绕这个遗址是什么时代建造的、由何人建造的、究竟是什么所在等问题整整讨论了 4 个多世纪。

## 谜团太阳门

在当时的技术条件下，在安第斯高原上建造起如此雄伟壮观的太阳门，显得十分不可思议。因此，对于太阳门的真正建造者，一直也有着不同的说法。16 世纪中叶的西班牙殖民主义者曾认为它是印加人或艾马拉人建造的。欧美大百科全书中叙述了两种传说，一个传说是那些雕像原是当地居民，后来被一个外来朝圣者变成了石头；另一个传说是由一双看不见的手在一夜之间建造起来的。也有考古学家提出假说，认为这里曾是阿拉瓦族缔造的城市，太阳门是个石头日历，后来火山爆发或其他自然灾祸将这古老的城市和文明毁灭。然而上述这些说法仅是神话传说和假说而已，没有任何证据可作为证明。

美国的考古学家用现代的科技手段证明该文化最早年代为公元 300 年～700 年，太阳门等建筑在公元 1 000 年前正式建成。朝圣的人群跋山涉水来朝拜这片原本的宗教圣地，同时他们运来了建筑材料，建造了这些宏伟建筑物。有的考古学家也对此表示赞同。但问题是，在当时的生产力条件下完成这样的运输工作是不可能实现的。还有其他的一些观点，但这些观点成立的条件在当时的生产力条件下都是不可能的事。

对于这片遗址的建筑时间，基本没有太大争议，对于建造者也大都认为可能是安第斯山区的科拉人，大多数学者也都认为太阳门是宗教建筑。不过有的历史学家认为蒂亚瓦纳科是当时举行宗教仪式的中心场所，太阳门是卡拉萨萨亚庭院的大门。也有的学者认为这里不是宗教活动场所，而是一个大型文化、商业中心。还有人将蒂亚瓦纳科说成是某一时期外星人在地球上建造的一座城市，太阳门便是外空大门。当然，这无疑是极其奇特的一种看法了。

虽然 400 多年来，对蒂亚瓦纳科文化，对太阳门的认识从来就没有达成过统一，但是我们有理由相信，随着科学的发展和人类对史前文明的探索不断增强，真相早晚会浮出水面的。

# 旋转岛之谜

在西印度群岛中有一个无人的小岛，岛上遍布着大片的沼泽地。令人惊奇的是这个小岛虽然很小，却有一种其他岛屿没有的奇异现象：它可以像地球那样自转。小岛每24小时旋转一周，而且都按照同一方向进行有规律的自转，从来没有出现任何要反转的迹象。

## 偶然发现旋转岛

一艘名为“参捷号”的货轮在途经西印度群岛时偶然发现了一个旋转的岛屿。当时，这个小岛被茂密的植物覆盖着，处处是沼泽泥潭。船长命令舵手驾船绕岛航行一周，只用了半个小时。接着他们抛锚登陆，探寻了一番，什么珍禽异兽和奇草怪木也没有发现。船长在一棵树

的树干上刻下了自己的名字、登岛的时间和他们的船名，便和船员们一起回到了最初登岛的地点。“天呀，抛下锚的船居然会自己移动呢!”一位船员突然发现这个奇怪的现象而大叫起来，“这儿离刚才停船的地方相差好几十米呀!”回到船上的水手们也都惊诧不已，他们检查了刚才抛锚的地方，铁锚仍然十分牢固地沉在海底，没有被拖走的迹象。船长对此猜疑不定，猜测这是不是小岛自身在移动呢？人们对这种奇怪的现象大惑不解，一些人听说后曾去岛上察看。根据观察的结果，初步判定是小岛本身在旋转。

## 种种猜测

小岛为什么会自己旋转呢？有人认为：这座岛是一座浮在海上的冰山。海潮起起落落，所以小岛随着潮水而旋转，但是这种推测并不能使人信服，因为其他的冰山小岛也都“浮”在海上，为什么就不能自行旋转，特别是还可以像地球自转一样那么有规律地每 24 小时转一周呢？旋转岛为什么会旋转，人们至今众说纷纭，可又都拿不出任何有力的证据，但人们始终相信，终有一天科学会为我们解开这个谜团。

# 死神岛之谜

距加拿大东部哈利法克斯200千米左右的北大西洋上，有一座让海员们闻风丧胆的小岛，叫作赛布尔岛。据记载，曾经有500多艘船只在这里沉没，5 000多人丧生于海底。因此，人们将这个小岛称为“沉船之岛”，周围的海域则被称为“大西洋坟场”。

赛布尔这个小岛好像一轮弯月映照在海面上。岛上全是细沙，只稀稀落落地生长着一些小草和矮小的灌木。小岛的形成得益于海流和海浪的冲击，这使得沙质沉积物堆积形成一个露出海面的长120千米、宽16千米的小沙洲。这样的一个小岛根本经不起大风浪的冲击，几千年来，几乎每次较大的风暴都会让它的位置和面积发生变化。只在最近的200年中，该岛的长度已减少了一半，位置东移了20千米，一百多年前建在该岛西端的几座灯塔已经失去了踪影，目前仅保存着1951年以后所建的两座。

为什么有这么多的船只会在这里遇难呢？这是因为该岛的位置经常发生迁移变化，岛的附近有大面积浅滩，许多地方水深仅2米～4米，加上气候恶劣，常有风暴，所以船只搁浅沉没事件经常发生。但是对这样一个既会“旅行”又充满灾难的小岛，航海者为什么不选择避开，而是去自投罗网呢？是岛移动的速度太快令人无法躲避，还是有其他原因？我们不得而知。

# 塞兰迪亚古堡之谜

1744 年，埃塞奎博司令官兴建的军事要塞落成，这就是具有中世纪堡垒建筑风格的塞兰迪亚古堡。然而 1803 年，古堡突然被废弃。此后那里变得荒无人烟，异常凄凉，究竟是什么原因使盛极一时的古堡发生如此大的变迁？人们不断地在追寻着这个深隐的谜题。

塞兰迪亚古堡坐落在圭亚那流量最大的埃塞奎博河下游的一个小岛上。这个狭窄的小岛长 1 千米，距河西岸的热带丛林 400 多米。

## 古堡历史

关于这个古堡的历史一直可以追溯到 17 世纪初。1616 年，荷兰探险者成功地驶抵了圭亚那岸的埃塞奎博河河口。他们在马托鲁尼河和卡尤尼河汇合处设居民点，建立了一个基克-欧弗-阿尔的设防镇区。1621 年，荷属西印度公司合并后开始计划垦殖活动。1624 年，一大批垦殖者被该公司派遣到基克-欧弗-阿尔地区。1681 年，当早期的荷兰探险者在新大陆被西班牙人驱逐出波梅龙后，他们就在大西洋岸中部活动。随着西班牙、英、法和荷兰人间连续不断地争夺殖民地战争，这块土地多次改换殖民统治者。居住在那里的居民逐渐迁移到离河口更近，并具有很好防护的地方居住以期可以避免战乱之苦。于是，埃塞奎博荷兰殖民地的新首府建在了这个小岛上。1687 年，基克－欧弗－阿尔镇区司令在岛上建造了一个木制要塞。为抵御入侵，埃塞奎博司令官于 1742 年计划兴建一个军事要塞，并在其周围挖一条护壕。1744 年要塞建成，这就是留存至今的具有中世纪堡垒建筑风格的塞兰迪亚古堡。

## 谜样古堡

塞兰迪亚古堡附近还建造了一座教堂。在教堂里竖立着三块墓碑，其中两块碑文仍清晰可见：1770年11月逝世的迈克尔·罗恃及其1772年逝世的妻子。第三块墓碑碑文已无法辨认，据岛上居民说，这是一条狗的墓穴。

1781年，英荷之间爆发战争，英国人占领了圭亚那，但几个月后，这里又被法国人重新占领。1783年荷兰人的重新占领却遭到了当地种植园主的反抗。1796年4月20日英荷两国再度发生战争，荷兰最终完全丧失了这块地盘。1803年，塞兰迪亚镇区就变得荒无人烟，满目荒凉，古堡迅速被废弃。这是因为当地发生热带瘟疫所致，还是因荷兰在圭亚那殖民盛况衰微的结果，至今是一个未解之谜。

游客要参观古堡遗址，需要在埃塞奎博河河口的帕里码头乘轻便小艇上溯8千米。岛上散居着100多户人家，大部分是渔民。古堡就在杂草丛生的灌木丛中，游客登上岛后，首先看到的是古老的兵器广场，炮台附近的草丛中，还能看到一些炮弹和战斗的遗迹。

# 海盗基地罗亚尔港之谜

1670年，按照马德里条约，西班牙正式将牙买加等地割让给英国。随即英国政府将罗亚尔港作为海盗的基地，罗亚尔港一跃成为历史上海盗船队最集中的地方……

16世纪时，中南美洲被西班牙所操控着，他们在那里大肆搜刮，大量的金银财宝被运回欧洲。英国的殖民侵略较西班牙稍晚一些，所以只控制了北美洲北部地区，很难染指西班牙的势力范围。英国政府十分嫉妒西班牙抢到的巨额财富，于是怂恿海盗不断对西班牙的船只进行袭击，并为之提供庇护。与此同时，欧洲一些亡命之徒沦为海盗，在美洲沿海抢劫过往的商船，特别对抢劫西班牙皇家的运金船更加偏爱。英国政府当时专门将英属殖民地牙买加岛东南岸的罗亚尔港作为海盗的基地，罗亚尔港也因此成为历史上海盗船队最集中的地方。

罗亚尔港对外的身份是牙买加首府，对内的身份是海盗首都，海盗抢夺来的金银珠宝在这里堆积成山，一船船金子有的时候都无法卸船，只有停放在港口里等候。这里是人类历史上最邪恶的城市，也是最堕落的城市，虽然只有几万人生活在这里（其中大约6 500人是海盗），但城市的奢华程度远远超越了当时的伦敦和巴黎。虽然整个城市里没有任何工业，但却可以享受最豪华的物质生活。中国的丝绸、印尼的香料、英国的工业品一应俱全，当然其中最多的还是金子、银币和珠宝。

1692年6月7日，罗亚尔港仍像平时那样喧闹，酒馆中人头涌动，交易市场销赃人员来往穿梭，各种船只川流不息地进入港口，英国船只上卸下很多工业品，美洲大陆的过往船只进行补给。人群之中隐藏着多少海盗无

人知晓，更加难以分辨。但这一天注定成为众多海盗和罪恶之城居民的噩梦。

中午时分，大地忽然开始颤动，接着是一阵紧过一阵的摇晃。城市中的地面出现巨大裂缝，建筑物纷纷倒塌。大地像波浪一样在起伏，城市中的地面同时出现几百条裂缝，忽开忽合。海水像沸腾的水，巨浪将港内船只悉数打碎。那些身怀大量财宝的人在地裂屋塌、海啸袭来的环境中疯狂奔走，以期找到一个安全的栖身之所。11 时 47 分，在一阵猛烈的震动后，2/3 的城市沉入海中，陆地上残留的建筑也被海浪冲走了。这个堕落的罗亚尔斯海港也从此沉寂在大海之中。直到 1835 年时，人们在风平浪静的日子里仍能清楚地看到城市的痕迹，那些沉船、房屋依稀可辨。据当时测量，海下城市处于海平面之下 7 米 ~ 11 米。随着以后泥沙和垃圾层层覆盖，罗亚尔港彻底在人们的眼中消失。

牙买加独立以后，政府一直没有放弃寻找这个城市。1959 年，牙买加政府和海下考古学家罗伯特·马克思签订挖掘条约。条约规定罗伯特只负责挖掘，而挖掘出的所有财宝都归牙买加政府所有。在随后的挖掘过程中，罗伯特找到了一部分城市遗址，并挖出了价值几百万美元的珠宝和大批生活用品。其中历史价值最高的是一只怀表，表针指向 11 时 47 分，正是由此才确认了古城沉没的时间。而最有趣的是一尊没有头的雕像，经专家研究证实这是佛教徒所信奉的观音。4 年以后，罗伯特以“再也挖不到财宝”为由离开牙买加。

如所有的人都不相信罗亚尔港只有这一点儿财宝，但谁也猜不出马克思离去的真实原因。

1990 年，美国得克萨斯州一所大学接到牙买加政府的邀请，再次展开罗亚尔港的挖掘工作。专家们准确找到罗亚尔港的主要沉没地点，他们发现当年挖掘出来的财宝只占非常小的一部分，绝大部分的财宝还沉在海水里。对于罗亚尔港的寻找与开发工作仍在继续，但牙买加政府对于那些已发现的物品和金银并未采取任何措施，同时，更加没有人知晓这个原来奢华堕落的城市中隐藏着多少财富和惊喜。

# 幽灵之谜

比斯蒂荒地是美国南部新墨西哥高原上的一片荒芜之地，而幽灵的传说更为这片充满诡异的土地蒙上了一层恐怖的面纱。是人们之间的以讹传讹，还是确有其事；是古代宗教仪式的绘画，还是大自然创造的奇迹。比斯蒂带给我们更多的是神奇与美丽。

比斯蒂荒地位于美国南部新墨西哥高原上，到了夜晚，如水的月光洒在这片如月球表面般荒凉的土地上，偶尔还会传出几声狼嚎，使得这片诡异的地方更显得有些阴森。这里曾经是一片沼泽雨林地，而且常有恐龙出没。

在比斯蒂荒地几乎看不到生命的迹象，很难想象出这里曾经是一片生机盎然的热带雨林，包括鸭嘴龙、五角巨龙以及凶猛的食肉暴龙在内的恐龙和最早期的哺乳动物，都曾经是这里的住户，而那些巨大茂密的树木和蕨类植物，也共同生存在这里。

腐烂的植被变成煤炭，而动植物的残骸被埋在沼泽的泥沙里，在数百万年的积压之后，变成了砂岩和页岩。这些岩石在地球板块的移动和气候变化下升高，形成平原。

风蚀和大雨将岩石群雕凿得千奇百怪，矗立在这片荒地上，宛如一座天然的艺术画廊。这些岩石雕像有的像无臂石怪，有的像巨型的蘑菇，凡此种种，不一而足。这些岩石被视为不祥之物，非洲语

中为“灵”之意。距今约有8 000万年历史的柏树干、棕榈树叶和恐龙化石散见在这些岩石之间。

直到公元前6000年，阿纳萨基人的祖先才开始饮用该区域的泉水，并在此捕猎，人类开始涉足这片土地。之后被美国其他土著人赶出原住地的纳瓦霍人退居到比斯蒂地区，到1850年，这里已经有许多居民了。他们在这里建造用于居住的草屋，在附近的高原上放羊。纳瓦霍人认为这里是十分神圣的，他们在宗教仪式中使用收集来的彩沙绘成沙画，并用粉白色的泥土在参与仪式的人的身上绘画。

当阳光洒在这片神奇的土地上的时候，五彩缤纷，煞是好看。淡粉红色、酱紫色、呈虎斑纹的橙色是砂岩和页岩，深灰色是暴露在外的煤层，奶白色和柠檬黄色则是沙子。比斯蒂像一幅天然的画卷，完美地表现着大自然的神奇与美丽。

# 石膏沙漠之谜

石膏是一种很普通的矿物，由于它极易溶解于水，所以在地面上非常罕见。但在美国西南部极为干旱的地区，却存在着一片神奇的石膏沙漠。清凉的白沙在阳光的照耀下泛出点点光芒。然而这片白色沙漠是如何形成的，形成的时间以及种种疑问都有待人们解答。

美国新墨西哥州图拉罗萨盆地的沙漠风格迥异，放眼望去尽是清凉的白沙。沙粒不断随风迁移改变，不断流失，又不断获得补充。皑皑的沙丘在阳光下闪耀光辉，犹如清新纯净的雪原。

质地较软的石膏晶体微粒，即化学上的硫酸钙是这里沙粒的主要成分，而一般沙漠的主要成分则是石英。由于表面水分的蒸发率高，沙粒又反射而非吸收阳光，沙丘十分清凉，与普通沙漠大不相同。科学考察发现，这片白沙名胜是世界上最大的地面石膏矿藏区，东西两端分别位于萨克拉门托山脉和圣安德烈斯山脉，面积 700 平方千米。

## 石膏沙漠的历史

石膏沙漠约诞生于 1 亿年前。当时图拉罗萨盆地是一片浅海，后来，这里的海水慢慢干涸，直至最终所有富含矿物质的水分蒸发掉，地面上就剩下盐和一层厚厚的石膏。约6 500万年前，萨克拉门托山脉和

圣安德烈斯山脉开始形成，图拉罗萨盆地在其中间。地壳大规模活动，陆地皱褶隆起，将石膏层推高。季候雨和融水从山区流下，与山坡上的石膏颗粒结合成为高浓度的溶液，流到图拉罗萨盆地最低点，即卢塞洛湖。湖水蒸发

后，一层层薄薄的石膏透明晶体留了下来。晶体在风化作用下渐渐变为细沙。西南盛行风将沙子吹到盆地上堆成沙丘，并把沙子吹送到远处，迁移距离每年可达9米。这个过程一直在不断重复着，区内地貌也因此日新月异。石膏是一种常见矿物，因其水溶性很好，地面上难觅踪影。而美国西南部正巧极其干旱，才使得这片石膏沙漠具有存在的可能性。

沙子不停移动，本身又是碱性颗粒，加上雨量稀少，一般植物难以生存。这里生长的植物，如丝兰、美洲杨树等，根部都十分发达，美洲杨树的根可长达30米，不然怎么能深入沙层，牢牢抓住地面，稳住干茎呢？这里的动物种类也很稀少，包括浅色的无耳蜥蜴、此地独有的阿帕奇囊鼠。这两种动物都具有保护色，可以混于炫目的白沙中而不被察觉。

这个地区的美，在于变化与永恒。一边是不停变化的地貌，另一边是在大自然慷慨的补给下，永不变更的“白雪皑皑”。

# 伊瓜苏瀑布之谜

伊瓜苏瀑布是世界上最宽的瀑布，同时也是世界五大瀑布之一。在气势磅礴的瀑布背后，也有一些神奇的故事。大约每40年一次的干涸总会如期而至，是一种巧合，还是神秘力量的作用呢？探索的脚步从未停止，真相有待人们发现。

伊瓜苏瀑布位于巴西与阿根廷的接壤处，其宽度约为尼亚加拉瀑布的4倍，高度比尼亚加拉瀑布高出30米，这些瀑布一字排开，直泻80米之下的魔鬼咽喉峡。峡口岩石上飞溅起团团白雾，展现出道道彩虹，瀑布的轰鸣声在20千米以外也能听到。历史上有许多名人都对此发出了由衷的赞叹。

## 瀑布奇景

伊瓜苏瀑布由约275个小瀑布组成，瀑布之间是些长满树木的岩石小岛。瀑布从坚硬的火山岩流过。这些岩石不易侵蚀，经得起水流的冲

刷，迫使水流在岩石间狭窄的水道通过，构成一个个小瀑布。小瀑布泻到谷底后，重新汇成汹涌的急流，继续向南奔腾。美国总统罗斯福的夫人在参观过这一奇景后说：“我们的尼亚加拉瀑布与这里相比，简直像厨房里的水龙头。”

伊瓜苏河大部分河道的宽度在450米~900米之间，河水至巴西与阿根廷接壤处变成伊瓜苏瀑布。整个流域降雨量的季节性变化决定了河水水位的升降和瀑布的流量。每年的11月~次年3月是雨季，瀑布倾入魔鬼咽喉峡的水量为每秒1 360万公升，而4月~10月是旱季，每秒的泻入水量只有330万公升，并且大约每40年会就出现一次河流完全干涸的旱情。

当地印第安人的瓜拉尼语称该瀑布为“伊瓜苏”，意为“大水”。这些印第安人世代居住在这里。1541年，西班牙探险家德维卡成为发现这条瀑布的第一个欧洲人。当时德维卡并没觉得发现伊瓜苏瀑布是一件了不起的事情。倒是植物学家乔达特对这里印象深刻。他是这样描述的：“在大片茂密森林中，几乎全是热带植物，有巨大的蕨类植物、竹、姿态优美的棕榈和上千种树木，树冠高大。俯瞰山谷，上面长着苔藓、火红的海棠、金色的兰花、鲜艳的凤梨和藤蔓。”

巴西与阿根廷各自在属于本国的瀑布旁设立国家公园，以保护这里丰富的亚热带和热带生物，鹦鹉、雨燕等鸟雀。包括几百种蝴蝶在内的昆虫，还有如豹猫、美洲豹等哺乳动物，都是被保护的对象。

从巴西看伊瓜苏瀑布，可以将整个瀑布尽收眼底，从阿根廷则可以自由穿越瀑布。伊瓜苏瀑布以其异常壮丽的自然景观吸引了无数游客，但却无人知晓瀑布干涸的原因。

# 非洲

非洲作为地球上最“年轻”的大陆，它从不缺乏古老的秘密。乞力马扎罗山为何孤独地伫立在那里，石头城有着怎样的秘密？神奇的非洲正在慢慢揭开它的面纱，展现着它独特的魅力。

# 石头教堂之谜

每年1月7日埃塞俄比亚圣诞节这一天，埃塞俄比亚的基督教信徒们会汇集到有着“非洲奇迹”之称的拉利贝拉。这些由整块巨石雕凿而成的教堂，以其雄伟和壮丽吸引了无数游客。到底出于什么原因使拉利贝拉国王做出建造圣城的决定，至今无人知晓。

## 岩石的“秘密”

埃塞俄比亚的岩石教堂举世闻名，最有名的当数亚的斯亚贝巴以北300多千米的拉利贝拉岩石教堂。拉利贝拉岩石教堂由11座基督教堂构成，每一座教堂都是由整块的巨大岩石雕凿而成。所有建筑大体上采用拜占庭教堂的布局风格，有长方形会堂和三个供信徒进出的门。拉利贝拉教堂始建于公元12世纪后期拉利贝拉国王统治时期，拉利贝拉独石教堂即是以这位国王的名字命名的，并有“非洲奇迹”之称。它是12世纪和13世纪基督教文明在埃塞俄比亚繁荣发展的非凡产物。

据现代人所知，葡萄牙的神甫阿尔瓦雷斯在16世纪的时候成为了第一个来到这里的人，看到这件用岩石雕刻而成的巨型杰作，他不禁发出了“举世无双，不可思议”的感叹。400年以后，拉利贝拉依然令人叹为观止。教堂里面不仅有中殿、通道、祭坛，而且还有凿去岩石而造成的院子，到访的人对此奇景只能不停地发出赞叹。

## 多种传说

虽然我们难以考证这一奇景是谁设计建造的，但可以确定的是，拉利贝拉教堂一定是13世纪前期统治埃塞俄比亚的拉利贝拉国王受幻象感召而雕凿的。

拉利贝拉统治时期被称为扎圭王朝，统治大约持续了150年。拉利贝拉统治时期之前的名字是罗哈城，之后为了纪念这位国王的功绩而改成了现在的名字。据传说，拉利贝拉的世系并不够正统，但他十分忠于历代信奉的宗教，而埃塞俄比亚王朝早在公元4世纪时就信奉基督教了。

当地流传的神话中曾说，基督曾经在拉利贝拉国王的梦中揭示天使会帮助石匠工作，这使拉利贝拉萌生了建造圣城的计划。特格雷省中部还有好几百座用整块巨石雕凿而成的教堂，虽然比不上拉利贝拉的精美，但却无法在世界其他地方找到这样的教堂，这是作为证明这种建筑风格为埃塞俄比亚所独有的最好证据。许多专家学者相信，神话传说固然不可尽信，但当地的石匠很可能是受到来自亚历山大港和耶路撒冷的巧匠和雕刻师的指导而修建这种教堂的。

## 巧夺天工

拉利贝拉教堂显示了石匠高超的雕刻技巧。有人曾经做过粗略的统计，拉利贝拉教堂的建成，至少需要凿出10万立方米的石头。每座教堂都是一件独特的艺术品，从恢宏大气的支柱到精雕细琢的窗花，都是在矗立的岩石上精心雕刻的成果。教堂虽然距今已经有800多年的历史，但仍然保持了原本的风貌，没有大的损坏。

据后人猜想，要想完成这样宏伟的工程，石匠可能是先在山麓中开凿了长方形的深沟槽，形成一座直立的巨大长方形岩石，然后石匠们从顶上开始，围绕着岩石按照由上至下的顺序进行雕凿。拉利贝拉的岩石质地并不十分坚硬，雕凿起来并不是十分困难，但当时的工匠们是怎么解决照明和通风问题的呢？考古学家

们一直对此疑惑不解。

拉利贝拉的夏季经常大雨倾盆，而有些教堂矗立在巨大的坑穴里，在内部施工的石匠很有可能被困在水里，因此石匠们非常聪明地在工地底部削出一道斜坡来解决这个问题。斜坡的顶部和排水边沟略带倾斜，这是非常有效的预防措施，即使是再大的降雨也不能造成被淹没的危险。

现在的拉利贝拉已经成为一个旅游胜地，只要天气和安全情况允许，游客便络绎不绝。但教堂的神秘气息却并没有削弱，因为人们一直在不停地猜想，到底是什么促使那位国王做出在那个时代、那个地方进行这么庞大的一个工程的决定呢？

# 尼奥斯湖杀人之谜

1986 年 8 月 21 日喀麦隆发生一桩震惊世界的惨案，尼奥斯湖附近的居民在睡梦中莫名地死去，大批牲畜也窒息而亡。究竟是什么原因导致了命案的发生？人们迷惑不解。

尼奥斯湖位于喀麦隆帕美塔高原的山坡上。那里湖水清澈，草木茂盛，是旅游的好去处。住在湖区山谷里的人们生活一直非常平静，周围的一切都是那么安静祥和。1986 年 8 月 21 日晚间，一阵闷雷般的轰响打破了黑夜的宁静，尼奥斯湖面中央突然掀起了 80 多米高的水浪，澄澈的湖水顿时变得一片浑浊。大约半小时后，尼奥斯湖区山谷下的 1 700多名居民和不计其数的牲畜都离奇地死去……

## 隐形杀手

惨案发生后，多国科学家组成的调查小组立即对尼奥斯湖地区进行了实地考察。他们对湖水进行了取样分析，并详细听取了幸存者的陈述，发现原来凶手是尼奥斯湖所喷发的毒气。在 21 日夜里，尼奥斯湖突然喷发出的水浪中含有大量的二氧化碳、硫化氢等有毒气体，这股强大的气体比空气重，这些气体就像暴发的山洪一样沿着山坡倾泻而下，涌入了居民区，滚滚涌来的毒气导致低洼地带的大量人畜瞬间丧命。可是，尼奥斯湖为什么会喷发毒气呢?

## 湖底的杀机

原来，尼奥斯湖是一个火山口湖，湖底的火山口一直在不断涌出二氧化碳、硫化氢等气体。但在湖水巨大的压力下，大量火山气体被迫积聚在湖底。而越聚

越多的二氧化碳一旦找到出口，就会冲出湖面，其他火山气体也会随之喷涌而出。一些专家认为，湖底的水接触到火山口下炽热的岩石后，形成了一股强大的蒸汽，这股蒸汽将湖底含大量二氧化碳的水冲上了天。还有的专家认为，湖面的水流由于季节转换而变凉，同下面较暖的水形成对流，"引爆"了湖底的二氧化碳。但众多专家始终未能就尼奥斯湖喷发毒气的原因达成共识。

## 为尼奥斯湖排毒

从 1986 年尼奥斯湖喷发毒气至今已有二十多年，此后，它再度陷入了沉寂。但是，沉寂是否是在酝酿下一次的喷发呢？为此，科学家们从 2001 年起开始尝试为尼奥斯湖排掉湖底的毒气，具体做法是将排气管插入湖底，将湖底的二氧化碳等有害气体导出湖面并有序释放，以避免毒气在湖底聚积再度喷发。但由于资金等客观条件的限制，目前所安装的排气管远远达不到彻底排毒要求，加之尼奥斯湖每天仍在积聚毒气，目前湖水中有害气体的含量甚至比 1986 年灾难发生时的含量还要多。

# 石头杀人之谜

石头也会杀人吗？这让人们产生了深深的疑惑。在非洲的耶名山就曾发生过石头杀人的恐怖事件。究竟是石头本身具有致命的神力还是有其他人们所不知的原因呢？

耶名山坐落在非洲马里境内，山上是一片茂密的森林，森林中生活着各种巨蟒、凶残的猛兽。然而，在耶名山的东麓，却极少有飞禽走兽的踪迹。就连当地的土著居民对这个地方都恐惧、厌恶，同时又非常敬畏。

在 1967 年春天，耶名山地区发生强烈地震。站在震后的耶名山东麓远远望去，远处的山峰笼罩着一种飘忽不定的光晕，尤其是雷雨天，更是绮丽多姿。当地人说，历代酋长的无数珍宝便珍藏在那里，从黄金铸成的神像到各种宝石雕琢而成的骷髅，应有尽有。那神秘的光晕就是震后从地缝中透出来的珠光宝气。但这个说法究竟是真是假，谁也不能证实。马里政府为了探明事实真相，派出了以阿勃为队长的 8 人探险队，进入耶名山东麓进行实地考察。探险队刚来到这里，就下起了大雨。在电闪雷鸣中，阿勃清晰地看到不远处那片山野的上空冉冉升起一片光晕，光亮炫目。光晕由红色变为金黄色，最后变成碧蓝色。暴雨穿过光晕，更使它姹紫嫣红。雷雨刚停，阿勃便不顾山陡坡滑，道路泥泞，下令马上向发光处进发。探险队在途中发现许多死人。这些死人身躯扭曲，口眼歪斜，表情非常痛苦。从尸体判断这些人已经死去很长时间，但奇怪的是，在这么炎热的地方，尸体竟没有一具腐烂。这些人可能是不听劝告偷偷进山寻珍宝的。可是他们

为什么会莫名其妙地死去呢?

探险队员继续四处搜寻线索。突然间，一名队员发现从一条地缝里发出一道五颜六色的光芒，难道这真是历代酋长留下的珍宝？经过一个多小时的挖掘，人们终于从泥土中清理出一块重约 5 000 千克的椭圆形巨石。半透明的巨石上半部透着蓝色，下半部泛着金黄色光，通体呈嫣红色。

探险队员们费了九牛二虎之力才把巨石挪到土坑边上。这时有一位队员突然觉得四肢发麻，全身无力；另一位队员也感到眼前一片模糊；接着队员们纷纷开始抽搐，并相继栽倒。此时，只有阿勃还保持清醒，他想这一切可能与那块巨石有关。

他不由得想起那些死因不明的尸体，浑身不禁一颤。为了救同伴，阿勃强拖着刚刚开始麻木的身体，摇摇晃晃地向山下走去，准备叫人来。刚走下山，他就一头栽倒了。过路的人发现了躺在路边的阿勃，把他送进了医院。经抢救阿勃终于清醒了过来，并将所发生的事告诉人们。之后，他又闭上了双眼。医生检查发现，阿勃受到了强烈的放射线的照射。

与此同时，相关部门就已经派出救援队赶赴山上抢救其他 7 名探险队员，但那 7 名队员无一生还。而那块使许多人丧命的“杀人石”，却异常神秘地从陡坡上滚下了无底深渊。科学家们想解开“巨石杀人”之谜，但因找不到实物而无法深入研究，这便又成了自然界中一个让人不解的悬案。

# 博苏姆推湖成因之谜

博苏姆推湖有着奇特的外形，它看上去像是人为地精心打磨而成，湖边没有任何凸出和凹陷之处，圆滑无比。然而这个内陆湖泊的形成原因，后人却不得而知。

博苏姆推湖位于非洲加纳的阿散蒂地区，是加纳唯一的内陆湖。它的湖面直径有700米，湖的中心70多米深，整个湖呈圆锥形，四壁向中心陡下，好像用圆锥打出来的一样。对于这个世界罕见的圆锥形湖泊的形成原因，一直是众说纷纭，莫衷一是。人们比较容易想到的是陨石坠地爆炸所致，或是由于火山喷发留下的一个火山口湖。但是地质学家通过对阿散蒂地区的调查，并没有发现这一地区有陨石坠地爆炸的任何迹象，也没有发现这一地区在地质史上有过火山活动的记录。

另有一种推测认为，博苏姆推湖是人工开挖的。可是，在直径达700米的大圆上挖掘而看不出凸边或凹边，这是人力所办不到的。而且，挖掘出几亿立方米土石方造湖又是出于何种目的呢？对此没有人能给出满意的答案。于是，人们又借助想象：是不是外星人为降落到地球上来的飞船，而精心地构筑了这个类似信号塔的识别标志？一直到现在，博苏姆推湖的成因依旧是一个未解之谜。

# 大津巴布韦之谜

“大津巴布韦”是非洲大陆上一大文明奇观。来到这里参观的人都为它精巧、宏大的规模而感叹。从其建筑工艺的角度看，该城完全可以与那些1 000多年前修筑的欧洲古堡相媲美。作为古代非洲文明的见证，这里有着许多谜团等待后人破解。

## 神秘的废墟

位于非洲大陆南端的津巴布韦共和国以盛产祖母绿而闻名，然而最使津巴布韦人民骄傲的不是富饶的物产，而是他们国名的由来——大津巴布韦遗址。

在这个国家里布满了许多石屋废墟。1871年德国地质学家莫赫首先发现了这些石屋废墟。经过后来的考证，科学家们确信，这座由坚硬的花岗岩石块砌造而成的石城，是由非洲黑人建造的，这些遗迹被称为津巴布韦（津巴布韦在当地班图语中是“石头房子”之意），这便是津巴布韦国名的由来。

石城位于津巴布韦东南方，这些顶部已经倒塌的石块建筑，占地面积约为0.24平方千米，其中有一座位于山顶的石砌围城可以俯瞰全城，有人称之为“卫城”。不过这样的称呼并不确切，因为后来有人考证认为，“卫城”并不是用于防卫的，而是一组贵族所居的宫室，也有人认为是用来观赏风景的。山下的河谷里有一道围墙，围墙围绕着一块92米长、64米宽的地方，在围墙与“卫城”之间则是一片神庙的废墟。

## 历史悠久

对于石城的历史，莫赫试图从基督教《圣经》中找到答案。其中有一段关于示巴女王的记载，3 000 年前非洲有一个黄金贸易非常发达的地方，积聚了大量的财富。将这些描述综合起来看，津巴布韦的这座石城很可能是那时候黄金贸易的副产物。也有人说，津巴布韦可能是所罗门王所设立的藏宝之处，这笔宝藏可能为当时的朝廷提供了大量的财富。

这座非洲石城是什么时间建立的呢？如果按照《圣经》中所说的，就应该是在基督诞生前 1 000 年建造的。但许多考古学家都对此持怀疑态度，比较有影响的是苏格兰专家兰德尔·麦基弗的质疑。在对废城的仔细研究后，他断定这些石块的历史只有几百年，而不是几千年，正如上文所提到的那样，这座石城是由当地的非洲黑人所建造的。英国的考古学家卡顿·汤普森也确认了这一研究成果。后来其他的考古学家也纷纷对这一观点表示赞同，而且，这个观点也与班图语系各民族的历史传说相吻合。在传说中，这些民族从现在的非洲奈及利亚地区逐渐向东南迁徙，到基督纪元某个时期，占据了非洲东部和南部。

## 石城的秘密

通过对发现的一些文物的鉴定，证明卫城上最早的人类迹象始于公元 2 世纪或者 3 世纪。到了公元 1200 年前后，今天绍纳人的祖先姆比雷人控制了这片区域。姆比雷人在采矿、手工艺和经商方面都曾经有着出色的表现，他们曾经建立了一个十分完善的政治体系。那些花岗岩高墙大概就是在他们文化全盛时期建造的。而神殿和围墙是相对来说较晚的建筑物，其他的那些房舍，据鉴定，大约是公元前 1200 年之后的两三个世纪才建造起来的。

历史学家通过对该地的古今地理特征研究发现，当地居民大约在 16 世纪初将此地的资源消耗殆尽，于是发生了大规模的迁移。这也许是为什么卫城如今是废城的原因。但无论如何，当年的巧夺天工的技术还是令我们赞叹不已。

# 乞力马扎罗山之谜

雄伟的乞力马扎罗山屹立于广阔的非洲大陆上，以其独特的景观闻名于世。远远望去，乞力马扎罗山拔地而起，高耸入云、气势磅礴。神奇的是，这座位于赤道附近的山峰却终年积雪，在缥缈的云雾之中，若隐若现，茫茫的白雪更使其显得神秘而圣洁。

## 天然雪峰

乞力马扎罗山地处东非坦桑尼亚境内，与肯尼亚接壤，山长 100 千米、宽 75 千米，然而附近没有其他任何一座山脉形成于 200 万年前。当时此地的火山活动频繁，熔岩不时从地球内部涌出，但很快又被随后喷发的熔岩掩盖。现在我们所能看到的山峰，是三次地壳激烈活动时期形成的。居中的最高峰叫基博山，两边分别是马文济山和希拉山。然而，乞力马扎罗的造山运动并未终结。在火山活动偃旗息鼓后，各种侵

蚀力量仍对山峰进行着雕琢。

希拉山是海拔最低的山峰，是最初熔岩喷发形成的，受到侵蚀作用后，形成了海拔 3 778 米的高原地形，而马文济山俨然就是基博山附近的一块疙瘩。

## 神奇的自然景致

乞力马扎罗山的山麓地带已经开辟为肥沃的农田，繁茂的热带雨林始于大约海拔 2 000 米处，在那里有着丰富的生物种类，森林里的各种鸟雀栖息在枝叶密度很大的森林中，植物下面又隐藏着小动物，像石南和苔藓这些典型的高地植物大概在海拔 3 500 米处，接近雪线的几乎都是高山植物。像野猪和捕杀它们的豹子也可能在雪线附近出现，但无法长久生活在雪线附近。马文济山与基博山之间形成了一个 11 千米长的鞍形地带，基博山的圆顶是个火山口，现在还有硫磺气逸出。基博山是这些山峰中仅有的位于雪线以上的一座山峰，覆盖了它北缘的冰川伸入到火山口。

乞力马扎罗山突兀地耸立在它周围的平原之上，因此乞力马扎罗山本身的气候会受到影响。从印度洋吹来的东风到达乞力马扎罗山后，遇到陡立的山壁的阻挡向山上攀去，气流里的水分在不同的高度会转化为雨水或霜雪，铺满山峰的冰雪很少是源自山顶的云，而是来自山下上升形成的云。所以山上的几个植被带与周围平原的热带稀树草原虽处在相同纬度却类型迥异。

乞力马扎罗山一年里来访的游客有上万人，人们被这座处于赤道附近却终年积雪的山峰所吸引，而这其中的原因只有科学家们才能解释清楚。

# 东非大裂谷成因之谜

东非大裂谷是世界大陆上最大的断裂带，它如一条鲜明的伤疤刻在地球的表面。然而这道神奇的裂痕的形成原因却令人猜测不已，至今众说纷纭。

当人们乘飞机飞越浩瀚的印度洋，在途经东非大陆的赤道上空时从机窗向下俯视，便会见到地面上有一条醒目的巨大的裂缝，它就像一条狭长而又阴森的断涧，将非洲大陆割裂开来。人们把这道大裂缝形象地称为地球身上最大的“伤疤”，这便是著名的东非大裂谷。

## 地壳断裂

东非大裂谷全长6 000多千米，它位于非洲东部，南起赞比西河口一带，向北经希雷河谷至马拉维湖。地质学家们经过考察研究认为，东非大裂谷大约于3 000万年以前形成，那个时候地幔上层的热对流运动引起了地壳断裂，而强烈的地壳断裂运动造成了东非大裂谷。同时东非

的地理位置也为大裂谷的出现创造了极佳的条件。东非处在地幔热对流上升流的强烈活动地带。在上升流的作用下，东非地壳抬升形成高原，上升流向两侧相反方向的分散作用使地壳的脆弱部分张裂、断陷而成为裂谷带。

## 裂谷将来

东非大裂谷如果是由地壳运动引起的，还会不会随着持续不断的地壳运动而继续扩大呢？相关资料显示，近200万年来，东非大裂谷张裂的平均速度为每年2厘米~4厘米，这一作用在近200万年来一直在持续不断地进行着，裂谷带一直在不断地向两侧扩展。科学家依据地幔热对流理论断言：如果照此发展下去，终有一天，东非大裂谷会将它东面的陆地从非洲大陆分离出去，从而产生一片新的海洋以及众多的岛屿。

# 东非的“磬吉”之谜

位于马达加斯加北部的安卡拉那高原上，有着东非著名的“磬吉”。锋利而密集的石柱、声如破钟的岩石、无法穿越的尖石阵，奇特而稀有的动物，这一切构成了一个奇妙的世界。所以吸引了无数游人到此观光，也留下了许多未解之谜。

## 恐怖之地

在东非地区那180米高的石灰崖顶上有个与世隔绝的世界，这里遍布着剃刀般锋利的尖峰，有些高达30米，即使最坚韧的皮靴几分钟内就会被削成碎片，人一旦失足便会头破血流或粉身碎骨。在这里，大眼睛的狐猴像可怕的鬼魅藏身树上；凶猛的鳄鱼深居于地下的洞穴里；哪怕捏死一只野蜂，树上的蜂群都会一起出动用刺猛螯。

可以说，马达加斯加北端的安卡拉那高原是这个岛上最不可思议的地方。马达加斯加南北长1 600千米，距东非洲海岸600千米，是世界上第四大岛，面积60万平方千米。马达加斯加因为岛上泥土的颜色是红色，故而又名“大红岛”，当然因为人为的破坏，现在岛上的泥土大量地被冲蚀到海里。岛上还有一些在其他地方见不到的生物。

最初，马达加斯加岛完全被夹在印度南端、非洲东岸和南极

洲北岸之间。在恐龙时代，非洲与马达加斯加岛是一块并未分割的土地，恐龙可以从非洲缓步到马达加斯加。马达加斯加与非洲分裂后的数百万年间，动物依靠漂浮的植物通过海峡来到了岛上。4 000 万年前，海峡明显变宽，生物的迁徙不得不终止。而在公元500年从印尼乘船而来的宾客成了岛上的第一批居民，在这时邻近的东非还未有人来到马达加斯加岛。

安卡拉那高原是典型的喀斯特石灰岩地貌。每年近1 100 厘米的降雨量，再加上千万年的冲刷使尖硬的岩石被雨水溶掉了，溶掉后又形成了锋利的尖柱、尖锥以及峰脊。在石灰岩中有遍布林木的峡谷，在谷里有着茂盛的棕榈树，猴面包树、无花果树大约在 25 米处构成了一大片醒目的树冠。在其南面 720 千米的贝马拉哈国家保护区，也有相同的地貌存在。

当地人称高原中部那些令人生畏的岩石为“磬吉”，因为敲击时会发出破钟似的低沉声。但这种岩石为何发出这种声音，却无人能够解开。马达加斯加人说“磬吉”没有一处容得下一只脚的平地。一些学者和专家曾试图努力穿过曲折的尖石阵外围，最后也都无功而返。少数尝试穿越“磬吉”的人认为乘飞机从上空一个安全距离俯瞰“磬吉”是一种最好的选择。

## 野生动物多种多样

随着马达加斯加的土地大量地被开垦，导致野生动物的生存环境受到破坏。不过贝马拉哈保护区和安卡拉那高原仍能为稀有动物提供保护。在马达加斯加的狐猴就有几种生活在石灰岩中的树上和尖峰的隙缝中。

狐猴属低等的灵长类动物，与猿、猴和人类有远亲关系。狐猴中较大的原狐猴喜欢在白天的时候集体觅食，而稀有侏儒狐猴的生活习性却喜欢在夜间单独寻找食物。

这里还有一种穴居的鳄鱼，身长可达6米，能够把人抓住吞食。在旱季（5月~10月），鳄鱼生活在安卡拉那的河中。

当然人们无须太过担心，因为这种鳄鱼要在阳光下才会活跃起来，而地下水的温度在26℃以下，它们处于近乎休眠的状态。

在地下河里的鳗鱼皮质坚韧，虽比鳄鱼小却也同样危险。最短的鳗鱼也有1.2米长，它们生性凶猛，嘴里满是锋利的牙齿。即使没有受到刺激，它们也会突然攻击游泳的人，甚至破坏充气的小艇。

生活在安卡拉那和贝马拉哈保护区的野生动物因那里偏僻荒凉的环境而受益。而岛上的其他地区就不是这样了。岛上的珍稀动物面临着巨大威胁。狐猴是此地仅有的哺乳动物。昆虫大概也有230多种。

马达加斯加还有250余种鸟类，可谓种类繁多，其中这里独有的鸟类就有100余种。而砍伐雨林和异地游客不负责地猎杀是造成鸟类数目锐减的主要原因。

隆鸟的灭绝让我们更深刻地认识到人类造成的破坏。最后见到隆鸟的记录是1666年，隆鸟曾是世上最大的鸟，它不会飞，身体比鸵鸟要大，体重可达450千克，它的卵比鸵鸟卵大5倍。

变色龙也受到了人类的威胁，世界上有一半种类的变色龙产于马达加斯加岛。它们从不伤人，马尔加西人却很怕变色龙，在他们看来人死了未能安息的灵魂就附在变色龙的身上，他们还相信变色龙那两只能各自转动的眼睛一只可回顾过去，另一只可展望未来。

让人高兴的是，拯救濒临绝种动物的计划已经落实到行动上。岛上也有一些令人鼓舞的迹象，例如鸟类学家正在研究有灭绝危险的蛇鹰和鱼鹰。

此外，绿色旅游的实施，可确保安卡拉那的稀有动植物不再受破坏而繁衍下去。专家学者对这一地区的研究和探索仍在继续，并试图解开他们心中的疑惑。

# 大洋洲

艾尔湖为何会时隐时现，大堡礁到底有着怎样的绚烂和神奇？大洋洲有的不仅仅是迷人的景致，还有无数的神奇和未解之谜。

# 澳洲大陆之谜

澳洲这块南半球唯一的大陆似乎从来都不缺少神秘。在面积为770万平方千米的土地上似乎到处都充满了待解的谜题。古代埃及是否曾在这里经商，中国明朝的瓷器为何出现在这里，历史上又是谁最早发现了这片神奇的土地？

澳洲是南半球的唯一大陆，也一直是世界上最孤立的地区。大陆的三面都被海洋包围，只有正北方的岛屿成为让人们登陆这里的通道。但这些岛屿被容易迷航的曲折海峡所包围，使这片陆地之外的人们来到这里变得异常困难。正因如此，在18世纪后半期之前，这块770万平方千米的大陆从未受到那些文明世界的殖民者的侵扰。

## 神秘的澳洲大陆

过去在西方世界，一直都有人相信澳洲大陆的存在，即使一直没有人发现，但希腊人还是坚定地认为南半球一定有一片与北半球的陆地相对应以保持陆地平衡的大陆存在。希腊的历史学家在约公元前350年的史书里提道：“有欧洲、亚洲、利比亚各岛屿，还有一片非常广阔且无法测量其大小的大陆存在着。在这片陆地上有茂密的牧草，该地区所饲养的一些庞大而健壮的家畜，比我们现在所饲养的家畜要大1倍以上；而且该地区人类的出生率，也比我们高得多。该地有很多城市及地区，他们所奉行的法律和条文也

和我们完全不同。”古希腊人或罗马人对赤道另一边的世界心存恐惧，在希腊早期的地理学家在亚历山大时代对马来半岛有了一定程度的了解后，才逐渐地消除了人们的恐惧，希腊人的脚步，开始迈向了东方和南方。

传统上，人们根据肤色将世界上的人类分成白色人种、黄色人种和黑色人种三大类。但澳洲原始的土著——亚波利吉尼人却显然不能归到这三类中去。亚波利吉尼人的皮肤呈黑色，额头很小。眼眶很深，手臂非常瘦，身上毛发密集。经过科学考证，亚波利吉尼人的发源地是澳洲北部的爪哇岛及其附近诸岛。澳洲人种大部分进入了南方广阔的大陆，只有少部分迁徙到了马来半岛和印度。

## 科学推断

经过科学测定，科学家们判断亚波利吉尼人在 16 000 年前就已经到达了澳洲大陆。当时的海面至少比现在要低 80 米，如此一来，新几内亚和澳洲大陆通过广阔的沙洲而连在了一起，这就给那些想要迁徙到这里定居的人们减少了阻碍，使他们可以安全到达。但在当时的地貌情况下，要想抵达新几内亚，还要横渡海洋，好在这些澳洲人种不仅擅长游泳，而且他们中的部分人还拥有小船。在天时地利的情况下，到达这

里虽然算不上容易，但也并不算太难。

澳洲土著是一个很单纯的“采食民族”，他们并不农耕，而是将蛇、蜥蜴或是昆虫的幼虫作为食物，植物的根部、鱼，甚至袋鼠、鳄鱼都是他们食物的一部分。他们所使用的工具或武器通常都是用石头、兽骨、贝壳或树木制成的，虽然粗糙，但却不乏创意。他们的身体适应性良好，严寒、酷暑、湿度极高的气候都无损于他们的身体健康。亚波利吉尼人习惯赤裸着身体，集结成分散的部落在旷野中生活，即使是有了小草屋也是如此。他们没有什么固定财产，所以迁徙对他们来说是再容易不过的事情。1788 年悉尼殖民地建立的时候，大概还有将近 30 万左右的亚波利吉尼人生活在澳洲，但生存环境的破坏，欧洲人所带来的疾病，以及欧洲殖民者的杀害使现在生活在这里的亚波利吉尼人大概只有 8 万人了。在 19 世纪中叶的时候，亚波利吉尼人正在走向灭亡的这个事实已经被很多人所了解了。

1909 年，在这里被发现了公元前 221 年到前 203 年埃及国王托勒密四世所使用的货币。这些货币大概可以证明，在2 000年前，已经有贸易商人在这一地区活动了。1879 年在达尔文附近的一棵菩提树中发现

了一尊石灰质的道教小雕像，道教在公元 7 世纪是中国的国教，莫非中国人也来过这里？1948 年，在一个叫作维恩却尔西的岛屿上又发现了中国明朝的瓷器碎片。中国人到底有没有到过这片大陆呢？那些经常往来于中国海、印度洋和太平洋之间从事贸易活动的亚洲大陆诸民族应该是知道这片广大的南方大陆，并且曾经抵达过澳洲海岸的边缘。但他们只是关心贸易而已，因此澳洲大陆并没有引起他们的注意。而且，即使真的有人抵达澳洲，当地土著人的敌视也会使他们立刻离开的。

到底是哪个国家的人最先发现的澳洲大陆呢？对这个问题向来没有统一的答案。但是有一点得到了大家的认可，就是葡萄牙人在 1511 年 ~1529 年之间曾经到达过澳洲。但即使是他们首先发现的澳洲，历史资料的缺失也使得具体的日期无从考证。唯一一个可以称得上是证据的是标明为 1541 年葡萄牙人制作的“迪艾普”地图。在这张地图上的澳洲，脱离了以往幻想的样子，而是真正澳洲地形的样子。许多葡萄牙语的地名也可以作为葡萄牙人是最先发现这片土地的佐证。

谁发现了这片大陆已经不是最重要的，最重要的是这片大陆上那些奇妙的景色无一不显示着自然的神奇，而这片大陆蓬勃发展的经济也为人类的发展作出了巨大的贡献。

# 彭格彭格山之谜

澳洲大陆上有着无数的神秘，美丽的大堡礁、雄伟的艾尔斯岩……此外，还有世界上最脆弱的山脉之一的彭格彭格山。在人迹罕至的金伯利，这些具有条纹的圆顶山丘组成了一个梦幻般的世界。是什么原因造就了如此奇特的地理结构呢，谜底有待人们揭晓。

## 梦幻般的彭格彭格山

澳洲西部有许多蜂窝形的圆丘山，形成巨大的迷宫，而彭格彭格山是世界上最脆弱的山脉之一。这些具有虎皮条纹的圆顶山丘位于澳洲西部的奥德河平原上，宛如梦幻世界。澳洲土著称它为波奴鲁鲁，意为砂岩。土著在金伯利地区已经生活了 2 400 多年，彭格彭格山是他们的一座神山。

由于地处遥远崎岖的地区，所以这些条纹岩壁和奇异山峰减少了许多被参观的机会。直到今天，大多数人也只是选择从空中俯瞰观赏而已。

彭格彭格山位于渺无人烟的金伯利地区，占地大约 450 平方千米。在 11 月到次年 3 月的雨季，翠绿装点了整座山脉。印度洋的旋风带来倾盆大雨，岩阶上的池水溢出形成瀑布，这一带河水泛滥，切断了通往彭格彭格山的小路。但这里炎热的气候在一年中占据主导地位，即使在遮阴处气温也高达 40℃。冬旱季节根本无雨，致使河流干涸，只剩下一些小水洼。由于有悬崖遮阴，少数池塘常年不枯竭，成为袋鼠和澳洲野猫等动物的饮水之处。有些白蚁在圆顶山丘侧面筑

蚁巢，高 5.5 米，与圆顶山丘一样堪称奇观。

## 彭格彭格山的形成

4 亿年前北边的山脉（现已消失）被水严重冲蚀，在这一带形成大片的沉积层，较软的沉积岩被水流冲刷出许多沟槽、溪谷。这些沟槽、溪谷长期受风雨侵蚀而逐渐变深，形成今天一座座分开的山丘。

大部分圆顶山丘都分布在地块的东南方。250 米高的峭壁和冲蚀而成的深谷则位于其西北方。顽强的植物如针茅、金合欢等，在谷中恣意生长，生根在峭壁岩缝中，形成风格奇异的空中花园。

风生成了岩石上鲜明的条纹。新露出的砂岩呈白色，沿沉积层缝隙里出来的水把一层石英和黏土涂在其上。这层石英和黏土不断形成和裂开，其中的铁质就留下了一条条赤黄色的痕迹。而灰色和棕色则是地衣和藻类被太阳晒干呈现的颜色。

1879 年，第一支欧洲勘测队在珀斯测量师福雷斯特带领下来到这里。1987 年，这里辟为国家公园，当地的土著人参与管理，以免游客破坏了这里脆弱的砂岩。

# 神秘的艾尔湖

1832年，一支勘探队来到了澳大利亚中部，发现这里是一片覆盖了厚厚盐层的盆地。1860年，又一支勘探队来到了这里。此时，这里已经成为一个碧波荡漾的湖泊，大批鸟类聚集在湖畔，植被茂密异常。这就是艾尔湖，一个神秘而又美丽的地方。

## 澳大利亚的天然奇湖

艾尔湖位于南澳大利亚州中部偏东北，皮里港北部400千米处。有南北两湖，总面积超过1万平方千米，在海平面下12米，因探险家爱德华·约翰·艾尔最先到此而得名。

艾尔湖其实是澳大利亚腹地的两片巨大洼地。大部分时间湖底全部干涸，盖满盐层，一圈好像悬挂着白霜的矿物层围绕在湖的周围。

湖的周边是一片晒干的土地：北面是辛普森沙漠；东西两面是很难通过的布满圆丘和风刻石的平原；南面是一串盐湖和干涸的盐洼。如能在这片荒无人烟的地方看到水的闪光，就足以使人欣喜。地平线上的水光往往是小盐池的闪光或者高温热气所形成的海市蜃楼。

## 会变魔术的湖水

艾尔湖是澳大利亚大陆最低的地方，湖面比海平面低12米。艾尔

湖实际上是两个湖，较大的称北艾尔湖，长144千米、宽65千米，是澳大利亚最大的湖泊；南艾尔湖则长465千米、宽约19千米，两湖之间由狭窄的戈伊德水道（长约15千米）相连接。只有当雨下得非常大的时候，雨水才可能从远处的山上流入艾尔湖，流程长达1 000千米。

当水流到荒芜的沙漠上时，这里转眼间发生了翻天覆地的变化，就像魔术一样，那些不知道在干裂的地下沉睡了多少年的植物种子纷纷发芽、开花、生长，如同色彩斑斓的万花筒一样装点着艾尔湖。鱼、虾和千里迢迢赶来的鸟类也把这里当成它们的乐园，艾尔湖呈现出一片生机盎然的景象。

供水消失的时候，湖水在高温的作用下很快开始蒸发，动物们为了自己的生命开始争分夺秒。幼鸟急着学会飞行，否则就会被它们狠心的父母抛弃在这里，而那些可怜的淡水鱼，就只能在这里等死了。艾尔湖又恢复到了它最常见的荒凉，耐心地等待着下一次雨水。

1840年，欧洲人艾尔第一次发现了艾尔湖，并以他的名字为这个湖命名。当时湖水虽然已经干涸，但湖底的淤泥阻碍了他继续探索的脚步。直到1922年，一个叫哈里根的人从空中测绘了艾尔湖的样貌，他在空中看见的北艾尔湖中是注有湖水的。但当他第二年步行到艾尔湖的时候，湖里只有勉强能浮起一艘小船的水量了。据说，2万年以来，平均每100年，艾尔湖只有两次才会完全被水充满，一般每隔20年~30年才能涨一次大水。1950年此湖曾经灌满湖水，水深甚至达到4.6米。

艾尔湖的面积变化很大，从8 030平方千米到1.5万平方千米不等，按照其平均面积，它是世界第十九大湖。艾尔湖的面积和湖区轮廓很不稳定。雨季，间歇河带来大量流水，湖面随之扩大，成为淡水湖；旱季，强烈的蒸腾作用使湖面缩小，湖底变成盐壳。1964年，英国人唐纳德·坎贝尔驾驶他的“蓝鸟”汽车，在艾尔湖的盐层上创造了一项世界地面车速纪录——最高时速达715千米，接近现代客机的航速。

艾尔湖湖区气候干旱，年平均降水量一般在125毫米以下，蒸发量可达3 000毫米，湖底经常干涸。流入湖中的河流都为间歇河，地下有大量自流盆地可供开发使用。艾尔湖还有石油、煤等矿藏。不得不说，大自然在这里表演了一场精彩绝伦的魔术。

# 大堡礁形成之谜

大堡礁是世界上最大的珊瑚礁区，是世界七大自然景观之一，几千种珊瑚、鱼类和其他的海洋生物将此地作为它们骄傲的王国。大堡礁是澳大利亚人最引以为豪的天然景观，又称为“透明清澈的海中野生王国”。那么，大堡礁是如何形成的呢，仍有待人们的进一步研究。

## 珊瑚虫创造的奇迹

大堡礁纵向断续绵延于澳大利亚东北岸外的大陆架上，是一处延绵2 000千米的地段。它是由3 000多个不同生长阶段的珊瑚小岛、珊瑚礁、伪湖和沙洲组成的，在南岸马尼福尔德附近，珊瑚岛宽达320米。

面对如此美丽的自然奇景，人们不禁想问，这些珊瑚礁是怎么出现的呢？不可思议的是，营造如此庞大“工程”的“建筑师”竟然是直径只有几毫米的珊瑚虫。

珊瑚最早被归为植物类，但事实上珊瑚是一种叫作珊瑚虫的无脊椎动物。每个珊瑚礁都是由底基和表层两部分构成，其底基是由死珊瑚虫骨骼沉积而成，表层是活着的珊瑚虫构成的。珊瑚虫从其裂缝或者小孔中钻出来觅食。

珊瑚寄居在海藻上，形成珊瑚礁。珊瑚保护海藻，并为其提供养分。而海藻这种植物利用阳光制造珊瑚的食物作为回报。更为重要的是，海藻能够促进珊瑚将海水中的钙盐转化为碳酸钙，使珊瑚形成骨骼。离开海藻，珊瑚便无法形成珊瑚礁。珊瑚虫对存活条件要求很苛刻：任何沉积物都会妨碍其捕捉食物，因此海水必须清澈，另外，水温全年不能低于 21℃，并且海底必须多岩石以便于珊瑚骨骼的固定。

## 物种繁多

大堡礁至少有 350 种珊瑚，这些珊瑚姿态各异、绚丽多彩，把这里装点得异常美丽。珊瑚栖息的水域颜色从白色过渡到靛蓝色，珊瑚则有淡粉红、深玫瑰红、鲜黄、蓝色、绿色等各种颜色，鲜艳亮丽。

种类繁多也就意味着生存竞争激烈。如何能获得更多的阳光，成为种族延续的重要问题，珊瑚们八仙过海各显神通。有的通过增大体型来抢占阳光，比如鹿角珊瑚每年即可增大 26 平方厘米，有的可以根据所在的海水深度改变形状，在阳光稀少的时候长成扁平的形状，阳光丰富的时候就长成手指的形状。

珊瑚礁的温度、湿度、清晰度以及食物的种类都会因其群落内环境的不同而不同，因此大堡礁内的众多生物都能在这里找到各自喜欢的生存环境。海参吐出的细碎贝壳和沙粒沉入海底之后，可以填补珊瑚底基的裂缝，能保护礁石。且不提甲壳和贝壳类动物，也不说海葵、鸟雀之类，仅鱼类就有 1 400 多种。

鱼类为了适应这里的环境也需要对自身进行一些改造。钳头蝴蝶鱼长出管状的长嘴，这样就可以插入缝隙中寻找食物。彩蓝条纹的隆头鱼是这里的清道夫，它们以别的鱼身上的寄生物为食，这样既帮助别的鱼保持了健康，也不用再为自己的食物发愁。不过还有一种冒牌的清道

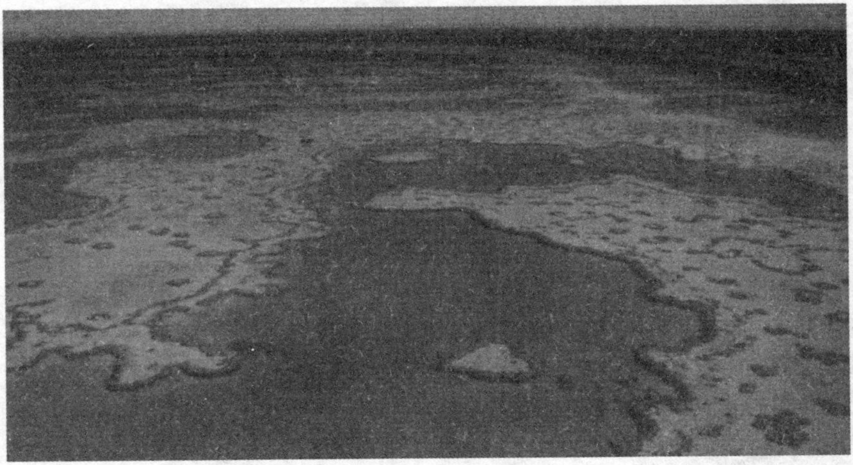

夫，它们的外表和隆头鱼很像，但它们可不吃寄生物，它们会直接咬掉那些被它们的外表欺骗的鱼身上的肉。有些鱼为了吸引配偶长得五彩斑斓，也有的为了保存性命将自己伪装成布满海藻的岩石。

## 微妙的生态平衡

珊瑚礁的生态平衡非常微妙，一旦被改变就可能会造成灭顶之灾。20 世纪六七十年代的时候，游客捡光了礁石上的法螺，法螺是刺冠海星的天敌，刺冠海星又是珊瑚的天敌。所以刺冠海星因为天敌减少而迅速增长的时候，珊瑚礁就大片死亡。后来人们虽然采取许多措施保护了法螺，但部分珊瑚礁的生态平衡需要至少 40 年的时间才有可能恢复。

某些春季的夜晚，大堡礁会出现非常壮观的奇景。在不知名的诱因下，所有的珊瑚虫会一起呈现出鲜艳的颜色，然后会释放出卵子和精子，幼珊瑚虫便产生了。它们随着潮汐四处游走，寻找适合自己的环境，建造新的珊瑚礁。

珊瑚礁一刻不停地生长，露出水面之后很快盖上一层白纱，植物在其上生长。这些植物的生长繁殖速度快得惊人，它们会结出一种可在海上漂浮数月的耐盐的果实，直到漂到某个适合的环境，就开始了新一轮的生长。生存在礁石上的鸟类的粪便使礁石上的土壤更加肥沃，一些植物的果实也借着这些鸟类的粪便散播到各地，当然也有一些是靠粘在鸟的羽毛上旅行的。

## 地球最美的“装饰品”

大堡礁堪称地球上最美的“装饰品”，像一颗闪着天蓝、靛蓝、蔚蓝和纯白色光芒的明珠，即使在月球上远望也清晰可见。但是，当初首次目睹大堡礁的欧洲人并没用丰富的词汇来描述它的美丽，颇令人费解。这些欧洲人大部分是海员，也许他们脑子里想的是其他事情而忽略了大自然的美景。

# 卡卡杜之谜

卡卡杜国家公园是一处拥有丰富自然遗产和文化遗产的游览胜地。这里郁郁葱葱的原始森林为各种各样的原林野生动植物提供了良好的生存环境；而在许多岩洞中，内容丰富、造型各异的壁画和石雕也给人们留下了一个个待解的谜题。

## 神奇之旅

卡卡杜国家公园位于澳大利亚北部地区首府达尔文市东部200千米处，面积19 804平方千米（相当于法国科西嘉岛的2倍）。这里的自然风光因地而异，随季节而变。从12月初开始的雨季所带来的暴雨常常导致洪水泛滥；而5月～10月则是旱季，几乎不下雨。

1845年，欧洲探险家莱奇哈特在他为期一年零四个月的探险中翻过了阿纳姆地高原，见到了“许多奇形怪状的砂岩”，“岩缝和沟壑中长满各种植物，掩盖了我们跨越高原时遇到的一半险阻。”

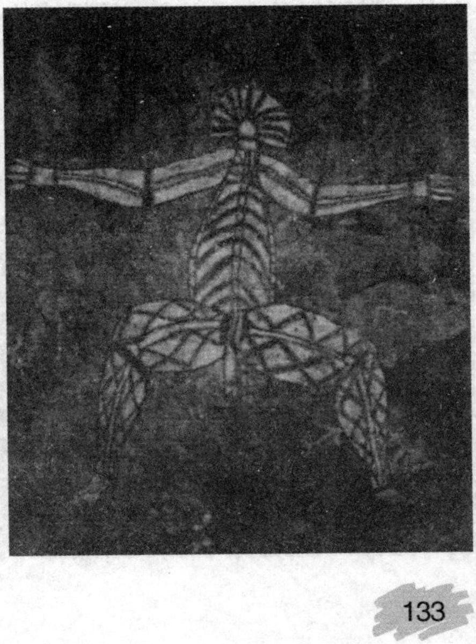

阿纳姆地高原边缘的标记是一条沿国家公园的东面和南面蜿蜒五百多千米的陡崖。陡崖下面的低地上，分布着森林、草地和沼泽。莱奇哈特曾用这样的语句来描述卡卡杜荒原上的主要河流——东鳄河的美丽：“我们走进了一个风光绮丽的河谷……孪生瀑布的东面、西面和南面都是高耸的山岭，从几乎无树的碧绿草原上拔地而起。”

峡谷从陡崖边缘切入，有些地方的陡崖高达460多米，其中比较有名的雨季瀑布是200米高的吉姆吉姆瀑布和因外形得名的“孪生瀑布”。“孪生瀑布”的两股水流从高原飞泻而下，落差达100米，雷鸣般的声音传出很远。

## 卡卡杜的历史

卡卡杜国家公园是以澳大利亚土著卡卡杜族的名字命名的，公园的大部分归土著人所有，他们把土地租给国家公园与野生物管理部门。这里是土著人的故土，他们在这里至少居住了4万年。按照他们的传说，卡卡杜荒原及这里的风景都是他们的祖先创造的。

卡卡杜国家公园的悬崖上有许多岩洞，里面有在世界上享有盛誉的岩石壁画，目前已发现有1 000处，其中最早为18 000年前的土著岩石壁画。

因为海面的上升，所以不同年代在这里生活的动物显然并不相同。而壁画里的动物种类便随着绘画的年代而变化。最早的壁画作于最后一次冰河时期，当时海面较低，画中有袋鼠、鸸鹋、袋獾（在北澳现已绝迹）以及一些现代没有的巨大动物。冰河时期结束后海面上升，阿纳姆地悬崖下的平原变成了海洋和港湾，所以这一时期的壁画中主要画的是巴拉蒙达鱼和梭鱼等鱼类动物。有些画还把脊索等动物体内的构造都画了出来。约1 000年以前卡卡杜的淡水沼泽已形成，这个时期的壁画中有鱼、鹊雁以及在沼泽中用篙撑筏的妇女。

## 物种丰富的自然之地

卡卡杜公园内植物类型丰富，超过1 600种，这里是澳大利亚北部

季风气候区植物多样性最高的地区。最近的研究表明，公园内大约有58种植物具有重要的保护价值。有280种以上的鸟类在这里聚居繁衍，其中代表性鸟类是各种水鸟和苍鹰。

保护这里的动物种群无论对于澳大利亚还是对于世界都具有极为重要的意义。这里的动物物种丰富多样，是澳大利亚北部地区的典型代表。仅爬行动物就有75种。著名的咸水鳄就生活在这里，它身长4米~6米，性情凶猛，会攻击人和其他动物。到20世纪60年代咸水鳄几乎灭绝，现在在人们的保护下咸水鳄渐渐增多。公园里还有一种淡水鳄，长约1.8米，性情不太凶猛。卡卡杜荒原上还有一种叫作皱褶鬣蜥的爬行动物，看似凶猛但并不袭击人类。它受惊时，把松弛的皮肤皱拢到头颈处竖起来，模样有点像小恐龙。

公园还曾有不少水牛，20世纪80年代初，约有30万头水牛生活在北部地区。澳大利亚人认为这些水牛对人类健康、野生动物和养牛业构成威胁。到80年代末，几乎所有水牛都被赶尽杀绝。

在卡卡杜草地上散布着许多大小形态各不相同的白蚁垤。在每座硬如水泥的土堆壳里，都有迷宫状的通道，最为特别的是，那些蚁垤都是罗盘白蚁的蚁垤，高2米~3米，外表粗糙，好像上窄下宽的墓碑。

有人曾经认为，罗盘白蚁把蚁垤方向建得好像指南针一样是因为它们可以感知地磁。现在看来，只是为了蚁巢内温度调节的需要。在早晚阳光最弱时，蚁垤的宽面朝向太阳，以便吸收最多的热量。在中午，蚁

垤较窄的面向着太阳，以免巢内过热。这样，巢内的温度可稳定地保持在30℃左右。

另外，20世纪80年代的电影《鳄鱼先生》当中部分背景是在这里拍摄的，这也是吸引旅游者的一个原因。卡卡杜不仅是澳大利亚最大的国家公园，同时还被联合国列为世界遗产。如果驱车沿“西鳄河”行驶，细心的游客就会看到标语牌上写着“您正在进入‘上帝之乡’，务必保持这个场所的清洁。”

# 澳大利亚岩塔之谜

地球上的奇景很多，有险峻的高山、辽阔的雪原、无垠的沙漠、浩瀚的海洋；也有嶙峋的奇峰、诡异的怪石；有摩天的巨型岩塔。据说在博尔斯皮拉米德岛上的岩塔有“澳大利亚的珠穆朗玛峰”之称，足见其雄伟之势。

## 荒凉之地

在澳大利亚西南海岸不远的地方，有一片岩塔沙漠。这片沙漠荒凉不毛、地形崎岖，地面布满了石灰岩，只能坐越野车到达那里。形态各异的岩塔遍布于茫茫的黄沙之中，景象壮观，有人形容这种景象为“荒野的墓标”，让人感到世界末日的来临，非常诡异。

岩塔数目成千上万，分布面积约 4 平方千米。暗灰色的岩塔高 1 米 ~5 米，矗立在平坦的沙面上。往沙漠腹地走去，岩塔的颜色由暗灰色逐渐变成金黄。岩塔的大小不尽相同，有些岩塔大如房屋，有些却细如铅笔。每个岩塔形状不同，有的表面平滑，有的像蜂窝，有一簇岩塔恍如巨大的牛奶瓶散放在那里，等待前来收集的送奶人，还有一簇岩塔名为“鬼影”，中间那根石柱状岩塔如正在向四周的众鬼说教的死神。科学家估计这些岩塔的历史有 25 000 年—30 000 年。虽然这些岩塔的历史已有几万年，但肯定是近代才从沙中露出来的。因为直到 1956 年澳大利亚历史学家特纳发现它们之前，外界似乎对此一无所知，只是在传说中，早期的荷兰移民曾经在这个地区见过一些他们认为很像是城市废墟的东西。

1658 年，曾在这一

带搁浅的荷兰航海家李曼也没有提及它们，他只是在日记中提到过两座大山——南、北哈莫克山，它们都离岩塔不远。如果当时这些石灰岩塔露出沙面，李曼的日记里必定会有所记载。19 世纪的牧人经常在珀斯以南沿着海岸沙滩牧牛，附近的弗洛巴格弗莱脱还是牧人常去休息和饮水的地方，但他们也没有发现这片岩塔。而且探险家格雷于 1837 年～1838 年曾从这个地区附近经过。他所经过的地方都会详细记下日记。但在他的日记中却没有关于岩塔的记载。

## 若隐若现的岩塔

岩塔在 20 世纪以前至少露出过沙面一次。因为有些石柱的底部发现黏附着贝壳和石器时代的制品。用放射性碳测定贝壳显示它们大约有 5 000 多年历史。当地土著的传说中没有提到过这些岩塔，因此这些尖岩可能在 6 000 多年前曾经露出地面。但后来又被沙掩埋了——沙漠上风吹沙移，会不断把一些岩塔暴露出来，又不断把另一些掩埋起来。因此，几个世纪后，这些岩塔也有可能再次消失，但它们的形象已经在照片中保存下来了。

# 南极洲

南极洲位于地球的南端，虽然人类的历史之前并未在这里留下痕迹，但是在厚厚的冰雪覆盖之下，隐藏着许多人类尚无法破解的自然之谜。

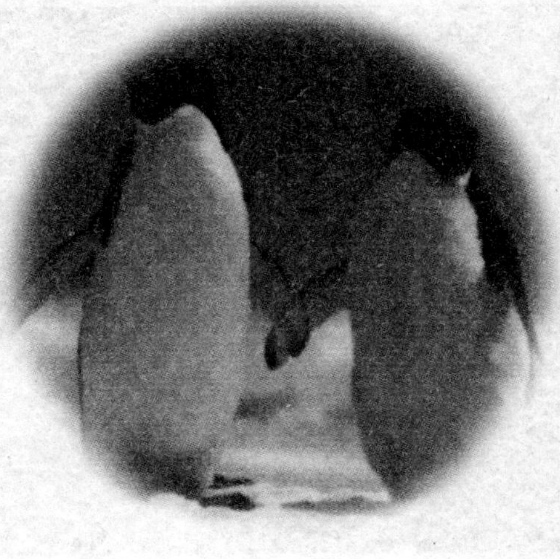

# 南极“绿洲”之谜

神奇的南极大陆上充满了神秘，在被冰雪覆盖的土地上却点缀了一些“绿洲”，而在这里还有着许多奇怪的现象。神奇的“绿洲”吸引着无数的科学家，但却没有人能解开“绿洲”之谜。可科学家们相信在不断地探索下谜一般的“绿洲”会显现出其真面目。

在大多数人的印象里，南极应该是一个完全被冰雪覆盖的地方，但事实并非如此，南极也有绿洲，听起来的确不可思议，但这是事实。南极的绿洲以班戈绿洲、麦克默多绿洲和南极半岛绿洲最为有名。它们大都分布在南极大陆沿海的地方。

## “绿洲”猜想

所谓“绿洲”，并不是人们常见的植物茂盛生长之地，而是那些没有冰雪覆盖的地方。由于南极考察人员长年累月在冰天雪地的白色世界

里生活、工作，因而当他们发现没有被冰雪覆盖的地方时，自然倍感亲切，于是便将这些地方称为南极洲的“绿洲”，也就是下文所提到的“无雪干谷”。南极绿洲约占南极洲面积的5%，地貌丰富，含有干谷、湖泊、火山和山峰。

在南极洲麦克默多湾的东北部，有3个相连的谷地：地拉谷、赖特谷、维多利亚谷。在谷地的周围是被冰雪覆盖的山岭，但谷地中却非常干燥，并没有冰雪，连降水都少有。这里便是神秘的“无雪干谷”。裸露的岩石和一堆堆海豹等各种海兽的骨骸在这里随处可见。

科学家无法解释为什么这里会出现如此之多海兽的骨骸。海岸距这里几十千米到上百千米不等，习惯于在海岸旁边生活的海豹等动物为什么会违背生活习性来到这里呢？

一些科学家认为，这些海豹是因为在海岸上迷失了方向才来到这里。海豹在无雪干谷上找不到可以饮用的水，又找不到出去的路，于是因干渴而死。也有一些科学家认为这些海豹跑到无雪干谷地区是来自杀的，就像鲸类自杀现象一样，可是并没有合理证据能证明这一观点。也有科学家认为这些海豹可能是受惊吓或受驱赶而来到这里。那么它们是受什么惊吓，被什么驱赶的呢？这个谜仍然没有被解开。

## 水温之谜

无雪干谷的神秘现象绝不止这一宗。“热水湖”就是另一个神秘现象。

热水湖的真名叫“范达湖”，是根据新西兰的考察站的名字命名的。范达湖奇异的水温现象使科学家们感到惊讶，水温在3米~4米厚的冰层下是0℃左右，水温在15米~16米深的地方升到了7.7℃，到了40米以下，水温竟然达到了25℃。范达湖这种深度越大水温越高的奇异现象吸引了大批科学家来此考察。

各国考察队对这一现象的解释各不相同，其中有两种学说颇为盛行，一种是地热说，一种是太阳辐射说。但这两种学说都无法顺利地通过无雪干谷特殊地理位置和地质形态的考验，因而都无法立足。

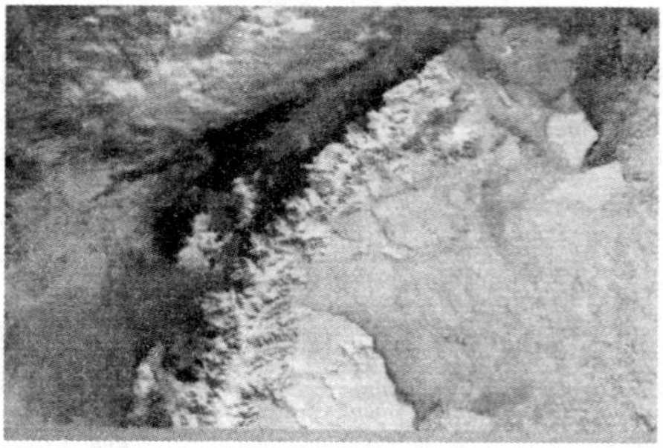

日本学者鸟居铁和美国学者威尔逊经过多年的研究，提出了一种新的论点：虽然南极的夏季地表吸收太阳辐射不多，但是透明的冰层对太阳光有一定的透射率。这样，靠近表层的冰层总会获得一些太阳辐射的能量。日积月累，湖水表层及冰层下的温度便有所上升，最后到了融化的程度。由于底层盐度较高，密度较大，底层不会上升，于是高温的特性保留下来。同时，表层的水在冬天时有失热现象，底层的水则由于上层水层的保护，失热较少，因而可以保持特别高的水温。此说法在一些科学家的观测记录的支持下显得具有一定的说服力。

这样一个个难以解释的现象为南极披上了一层神秘的面纱，吸引着各国探索者的目光，也提示我们，探索自然的路任重而道远，却又其乐无穷。

# 南极洲地图之谜

2007年11月27日英美两国的科学家发布了一份迄今为止最清晰的南极洲地图。这份新地图能够对南极探索有所帮助，并提高公众对南极的认知。那么，最早的南极地图又是什么样的呢？

1531年，法国数学家、地图学家阿郎斯凡绘制了一张世界地图。然而400多年后的今天，这张地图却引起了地理学家的关注。经过专家的仔细研究后惊奇地发现，400多年前的地图上的南极大陆竟然与现在人们所知的轮廓大致相同，这一切不禁使人们拍手称奇。

1820年，人们首次发现南极大陆，其发现者是一位俄国航海家，但对南极大陆进行测绘却是近代才开始的。那么，阿郎斯凡为什么在1531年就对南极大陆如此了解呢？更加令人费解的是在阿朗斯凡绘制的地图上没有罗斯陆缘冰，而罗斯陆缘冰早在1531年前就形成了。因为要形成这么一大块冰，至少需要1 000年～5 000年的时间。据此，人们猜测阿郎斯凡是根据古代流传下来的人们未知的资料或地图才绘制出这张地图的。也就是说人类发现南极大陆的时间至少将向前推进1 000年。

如今的南极大陆被皑皑白雪所覆盖，完全没有河流和海湾的痕迹。

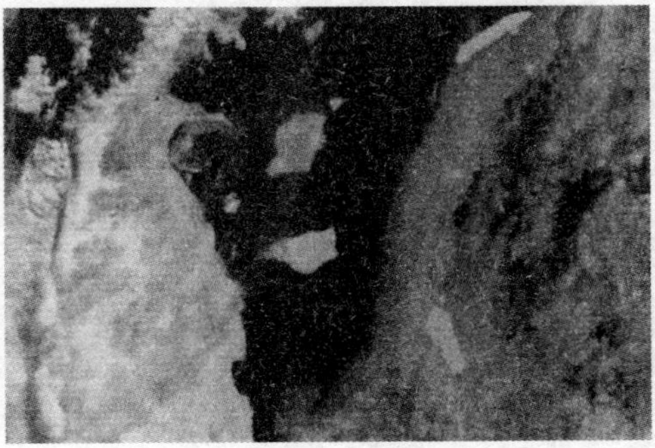

但人们在1531年阿郎斯凡所绘制的地图上标示河流海湾的位置发现冰层之下的冰河。经专家推断，在距今6 000年～15 000年前，南极大陆还未被冰雪覆盖，地图所绘制的应该是那一时期的地貌特征，令人费解的是，如此遥远的年代，

是什么人通过何种方法到南极，又用了什么手段测绘出这样精确的地图呢？

除了阿郎斯凡的地图外，专家们还发现了一张绘制于1502年的世界海图，图上的非洲撒哈拉大沙漠变成了拥有众多湖泊、河流、城市的肥沃大地，现代科技证明远古时代的撒哈拉的确像地图上的样子。这些地图的坐标非常准确，因此科学家们推测这些地图可能是用精密的测量仪器从高空拍摄的，而最初可能是由远古时代的某个航海技术十分发达的民族绘制出来。

许多专家推测，大约4 000年前时，地球上出现了一个有精密技术，且未被人知的神秘文明，这个文明对地球进行全面勘探，并对此绘制了地图。历史的不断发展，这些地图经古代那些伟大的航海民族，如纵横大海1 000多年的迈诺斯人和腓尼基人流传了下来。